明日を探る北海道農業

二日市《ふつかいち》　壮《そう》

国書刊行会

十勝・芽室町の「十勝はる麦の会」の人たち、大型ハーベスターを共有している。

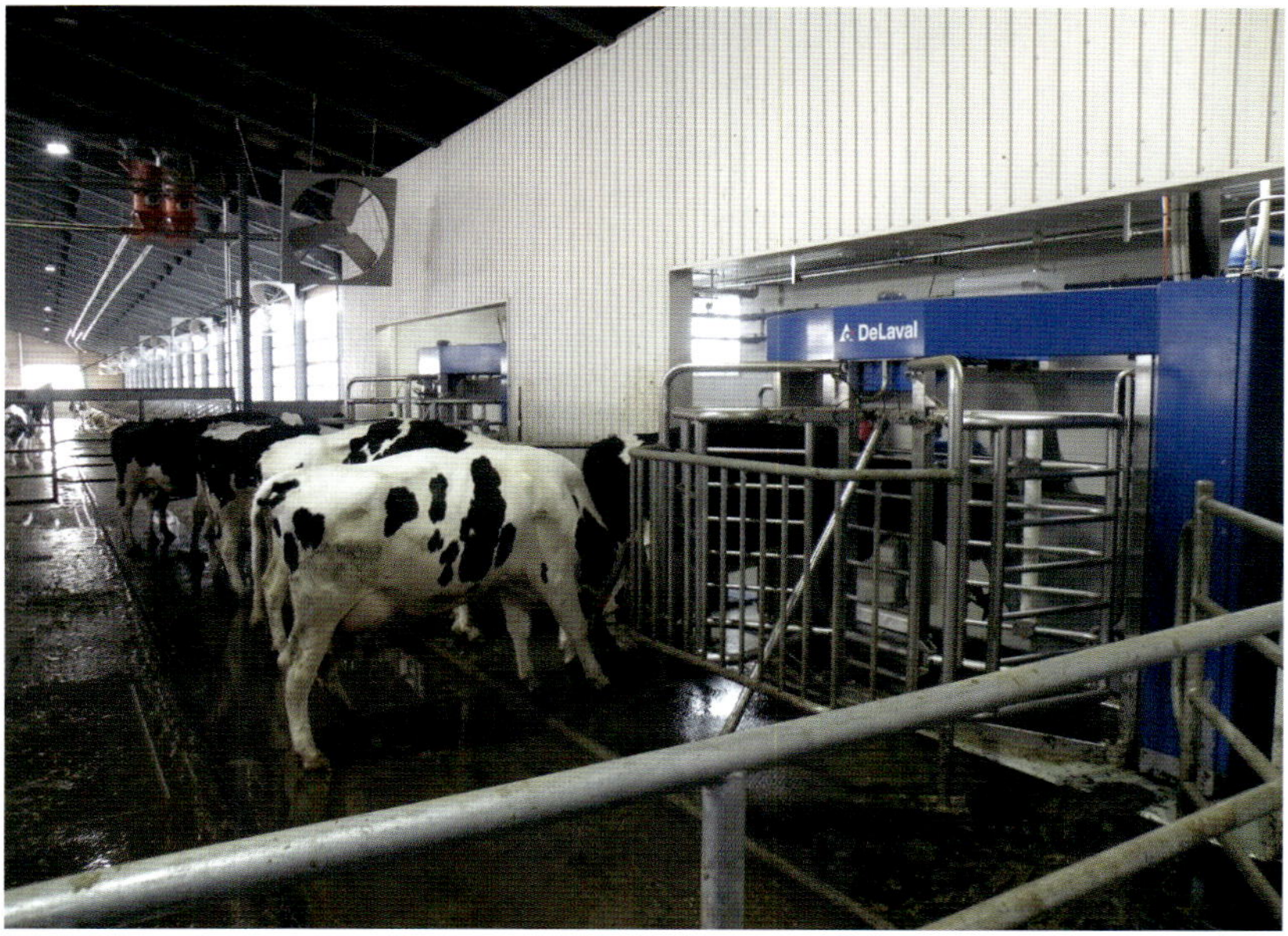

ロボット搾乳機の前で順番を待つ牛たち（江別市のカーム角山）

おいしいコメ、ゆめぴりかの収穫（空知・奈井江町）

ニュージーランド式の放牧酪農（十勝・足寄町・ありがとう牧場）

臆病なのに好奇心あふれるエミュー、飼育が簡単。（網走市）

あざやかな緑。十勝・中札内村農協。枝豆工場

オホーツク海側の斜里町、どこまでも続く一本道、「天に続く道」と呼ばれている。

本書に登場する自治体の位置

北海道区分

北海道にある農業研究機関と大学

▲農研機構＝国立研究開発法人、農業・食品産業技術総合研究機構

北海道農業研究センター　札幌市豊平区羊ヶ丘

〃芽室研究拠点　十勝・芽室町

▲北海道立総合研究機構・農業研究本部

中央農業試験場　夕張郡長沼町

上川〃　上川郡比布町

道南〃　北斗市

十勝〃　十勝・芽室町

根釧〃　標津郡中標津町

北見〃　常呂郡訓子府町

畜産〃　十勝・新得町

花・野菜技術センター　滝川市

▲北海道大学農学部　札幌市北区

▲帯広畜産大学　帯広市

▲酪農学園大学　江別市

▲東京農業大学生物産業学部　網走市

▲拓殖大学北海道短期大学農業ビジネス学科　深川市

▲玉川大学農学部弟子屈総合農学研究センター　弟子屈町

▲北海道立農業大学校　十勝・本別町

目次

コラム　クラーク博士のつぶやき

はじめに

この本は日本の食料基地、北海道農業の現状と進みつつある方向を紹介するものである。消費者目線で取材執筆したつもりだが、もちろん消費者とともに農家の方々に読んでもらいたいと願っている。経済のグローバル化にともなって、いまや食料は一国の中だけで供給消費するものではなく、いろいろな国からの輸入と国内生産を両立させる時代となっている。TPP＝環太平洋経済連携協定は、工業大国日本に対して農産物の輸入拡大を極限まで強く迫るものになった。そうした状況になれば北海道農業はどうなるのか。北海道農業が大きな打撃を受ければ日本人の食生活への影響は計り知れない。

私は三十数年前、NHK記者としてアメリカに受精卵移植の取材に行ったことはあるが、農業の専門家ではない。しかし専門家であるよりも素人の立場からの疑問や説明が、より多くの読者の共感を呼ぶはずだ。そう考えて農業の現場取材に入った。マイカーを駆って道内37か所を回り、直接、関係者に会って話を聞いた。

その結果は大いに希望の持てるものだった。こうした状況がやってくることを予感していたかのように、技術開発、工夫と努力がなされていた。コメでは日本で市場価格が一番高い新潟県魚沼産に迫る「ゆめぴりか」の誕生、小麦は輸入に頼っていたパン用の小麦に代わる「ゆめちから」の出現、牛乳の品質は世界一と言ってもいい水準になっていた。「ＴＰＰ恐るるに足らず」が結論である。もちろん政府による各種の下支えは必要である。日本農業、とりわけ北海道農業を下支えすることは決して農業者の甘えではなく、むしろ消費者にとって必要なことであることがわかった。

北海道農業は戦前も戦後も、たびたび変わる政府の農業政策に振り回されてきた。人や馬の力で切り株を除去し血のにじむような努力をした開拓者、外地からの引揚者が多かった戦後の緊急入植、増産の掛け声から減反に転じた稲作、ガット加盟から始まった農産物の輸入拡大、とくにウルグアイ・ラウンドによる例外なき関税化、農民は苦しみながらそれらを乗り越えてきた。今回のＴＰＰの行方はわからないが、農民に突き付けられた大きな試練に違いない。だが進むべき道はすでに見えていると言ってもいいのではないだろうか。

北海道農業は日本農業のフロンティアである。冷涼地で多くの収量を得るのがむずかしいため大規模になり、1戸あたりの農地は本州の10倍、北海道全体の農地は全国の4分の1という広さ。しかし、寒さが農業の自由な展開を阻んできた。だから、農業の形も地域によって大きく異なる。道央・道南は水田稲作、十勝・オホーツクは畑作、釧路根室と道北は酪農が中心だ。

ところが北海道も地球温暖化で暖かくなってきた。理科年表によると、札幌の月別平均気温の年間平均は１９６０年代は７・６度だったが、２０１０年代は８・９度に上昇している。北海道にはないとされてきた梅雨も、最近は「あると言いたい」ような空模様が続く。これはコメ作りに好都合となってきた。そのほか北海道では困難とされてきた農作物も作れるものが多くなってきた。また朝晩の気温の差を生かしたり、冬の雪を貯めておいて夏に使うなどの工夫も見られる。

近年の農業技術の進歩はいちじるしい。バイオ・テクノロジーを使った品種改良、ＧＰＳ利用のまっすぐなうねづくりなどの栽培技術の進歩、収穫と保存の技術向上など。酪農では品種改良による乳量の増加、牧草地の改良、家畜ふん尿を生かしたバイオガス・プラントがぞくぞくと作られようとしている。

そして大規模化、機械化、自動化、省力化、協業化、請負化が進んでおり、農薬と肥料が半分以下の特別栽培の増加、有機農業の増加、ブランド化への懸命な努力、そして2次加工と販売への取り組み、放牧中心のニュージーランド式酪農の導入、これらの研究会が盛んに開かれている。

農協も、農家のためというより農協自身のための商法ではないかという批判を受けて手数料を値下げするなど、改革を始めた。

課題も多い。最大の課題は高齢化と後継者難。歳をとってもう働けない、子どもが跡を継がないという離農が止まらない。このため酪農では生乳の生産量が減っている。直接的な背景には過重労働や余暇、休日がまったくない、あるいは少ない、がある。しかし農業がもっと収益を生み、楽しく文化的な生活を送れるのならば後継ぎ難に困ることはないはずだ。この離農は残った農家の規模拡大を進めている反面もあるが、このままでいいのか。小規模農家の存続や、老後を支えるのに十分なハッピーリタイアメントの制度の確立が求められている。

日本の食料自給率（カロリーベース）は39％。これが6年間も続いている。ちなみにフランスは129％、アメリカ127％、ドイツ92％、イギリスは72％である。食料の安全保障の観点から日本がこのままでいいはずはない。農産物輸入自由化が進めば消費者は安い外国産を選び、自給率はさらに下がりかねない。

自給率を下げている要因の一つは酪農と畜産（肉牛、豚、鶏）の餌をアメリカのとうもろこしに頼っていることだ。この量はコメの生産量を大幅に上回る年間1000万トンにも達している。この家畜用飼料を、休耕している水田で飼料用米を栽培して補うことが求められている。餌の何割かでもこれで賄えば自給率アップは間違いないと言われている。

アメリカではとうもろこしや大豆の90％が害虫を避け除草剤への耐性を持たせるため「遺伝子組み換え品種」になっている。このためJA全農は、日本の消費者の不安をなくそうと、「Btコーン」と呼ばれる遺伝子組み換えとうもろこし＝GMとうもろこしではなく、「NON－GMとうもろこし」をアメリカ中西部の農家に栽培してもらい、これを船で輸入している。

しかしアメリカ科学アカデミーは２０１６年5月、遺伝子組み換え作物で作った食品を食べたことによる健康への害は認められなかったと発表。日本の厚生労働省もすでに安全性を確認しており、この問題は収束の方向に向かい始めたようだ。

食品は安全性を信じて口にするのだが、その安全基準は国ごとに違う。輸入農産物や食品の残留農薬、ポストハーベスト、加工食品の有害物質などの恐れは尽きることがない。安全な食料を安心して腹いっぱい食べるには、水際での監視を怠らないとともに、国内農業を大事にすることしかない。補助金などの農業保護政策を見ても、ヨーロッパ諸国は日本以上の仕組みを作っている。農業を大事にすることは消費者を守り、ひいては一国の工業水準を高めることにつながると考えるべきだ。

日本の農業、とくに北海道農業は消費者に支持されなければ、今後の発展はない。今後、輸入品との価格競争に陥らずに、品質の高さ、安心安全を求める消費者との深いつながりこそが生き残る道であろう。

北海道をＰＲするキャンペーンの新しい標語は「その先の、道へ。北海道」と決まった。この本が北海道農業の最先端と方向性を理解することに役立つことを望みたい。

天井のスピーカーから演歌が流れる

演歌で育てる霜降り肉
体重八百キロにもなる「知床牛」　大空町・大橋牧場

ゆったりと流れる演歌、黒い大きな牛たちは、その歌に酔いしれているかのように目を細め、口をもぐもぐ動かして食べ物を反すうしている。演歌は牛舎の天井に吊るされたスピーカーから流れてくる。テンポはゆっくり、そして低音、しかもうるさくない。静かな曲だ。ストレスのない、のんびりした環境で、牛たちは確実に体内の脂肪を増やしていく。それは良質で上品な脂肪となるはずだ。「知床牛」の霜降り牛肉は、こうして作られていく。

ここは北海道東部のオホーツク海側、女満別《めまんべつ》空港南東の農村、大空町東藻琴《ひがしもこと》の大橋牧場。2000頭の牛がいる。霜降り肉となる黒毛和牛は、このうち1200頭。年間700頭を「知床牛」として市場に出荷している。年商20億円。授業員は9人。黒毛和牛のほかにホルスタインのメスを飼って受精卵移植で妊娠させ販売している。

父親から事業を次いで2代目の大橋博美社長(62)は、牛を思わせるがっちりした体格。ケイタイに電話すると「春は名のみの〜」と、低音で歌う「早春賦」の着信音。大橋社長自身が歌っている。以前は「知床旅情」だった。「これを牛にも聞かせたらどうか」、「いや、牛にはいろいろな曲を聞かせたい」。牛が聞いているのは有線放送の演歌チャンネル。夜は消して静かに眠らせる。

大橋牧場のある東藻琴からは雪を頂いた知床連峰が見える。「知床牛」は、２００５年、知床半島が世界遺産に指定される3か月前に商標登録した。肉は最高級の「A―5」が中心の立派な霜降り肉で実にうまい。首都圏、関西などのレストラン、焼き肉店、スーパーなどに出荷されている。

だがサーロインで１００グラム６０００円にもなるという、松坂牛、神戸牛、近江牛の３大ブランド牛をはじめ、その下のランクにも届かない市場での位置だ。ブランドとしての評価は、格付けが高いこと、流通量が確保されている状態が長く続いて、ようやく業界で定まってくる。「まだ10年そこそこだから気長にやらねば」と大橋さん。

牛肉は日本食肉格付協会が格付けしている。枝肉がどれだけ取れるか、歩留まりの等級がA、B、Cの3段階あってAが一番いい。肉質等級は5から1まであって5が一番。したがって「A―5」が最高の評価となる。一方、霜降りの度合いを示す脂肪交雑（ＢＭＳ）というのもあって12段階評価。これはＮＯ・12が最高だが、12は油が多すぎると敬遠する人もいて好みの問題。大橋さんはＢＭＳよりうまみ成分であるオレイン酸の度合いが大事だと話す。オレイン酸55度以上がおいしいようだ。こうした基準をもとに市場で1頭ずつ評価される。ちなみに大橋牧場では１頭１５０万円がこれまでの最高だという。

この牧場では生後10か月の黒毛和牛を市場で買ってきて、これを20か月まで育て霜降り肉として出

「モウ食べられない！」

荷する。ほとんどが去勢されたオス、このほうが太るのだ。メスもいて、これはあっさりした味になるということで、京都で好まれるそうだ。

一口に黒毛和牛といっても、おいしい脂肪がつく血統が珍重されるため、そうした血をひいた子孫が導入されている。以前は「紋次郎」という血統が人気だった。いまは「安福久《やすふくひさ》」、「幸紀雄《さきお》」、「諒太郎《りょうたろう》」などの血統が主流だ。

入ってきた10か月の牛には地元産の牧草を多く与えて胃を大きくさせる。牛には第1胃から第4胃まで4つの胃があるのをご存知だろうか。食べたものを微生物で発酵させて栄養素を吸収し最後の第4胃で消化する。なかでも第1胃は食道とつながっていて一番大きい。とりあえずの貯蔵庫で、食べたものを微生物と混ぜ合わせたあと、口の中に戻してもう一度唾液と混ぜてかんでいる。牛がたえず口を動かしているのは、このためだ。この第1胃が大きくならないと、餌を十分にとることができず身体も大きくならない。このためこの時期に草を十分に与えることがコツだという。

えさは地元の牧草、飼料用とうもろこしのデントコーン、輸入飼料を混ぜ合わせたもので、発酵させてある。少し酸っぱい匂いがする。牛はこれらを食べてまるまると太っていく。大人気の北海道産のコメ、「ゆめぴりか」の稲わらも食べさせている。コメがおいしいとわらもおいしいとみえて、牛に人気だという。乳牛のホルスタインは、肩の骨や背骨が出っ張っているのが見えてかわいそうな気がするが、出荷前の和牛は本当に丸々として大きなドラム管のようだ。だいたい800キロぐらいになる。麦わらを与えてビタミン欠乏症にすると「さし」と呼ばれる脂肪が入りやすくなるという。

大橋さんは従業員に「牛の目を見ろ」と言っている。ことばをしゃべれない牛は何をしてもらいたいのか、人に目で訴える。目を見て牛の気持ちを理解できるようになれば一人前の牛飼いだ。1頭1頭の目を見ながら餌を調節する愛情が必要だという。

大橋牧場には「牛魂碑」の字が刻まれた石碑がある。ここで毎年6月、牛魂祭が開かれる。取引先や地元関係者が招かれ、牛の魂を慰霊する神事のあと焼き肉を食べる。この肉のうまさは抜群、最高のものが供されている。肉のすしも出て地元出身歌手の歌に酔いしれる。

演歌で育てる霜降り肉

大橋博美社長

北海道のブランド牛肉
白老牛、いけだ牛、十勝和牛、北海道和牛、みついし牛、かみふらの和牛、びえい牛、北勝牛、はこだて和牛、などなど。

和牛とは
1．黒毛和種、2．褐毛和種、3．日本短角種、4．無角和種　5．1―4の交配による交雑種（1×3の短黒（たんくろ）が有名）　6．5と1―5の交配による交雑種　以上で、日本で飼育されたものだけを和牛と呼ぶ。

さて国産霜降り牛肉はＴＰＰが発効したらどうなるのか。国産牛肉は、現在、外国から輸入される牛肉に対して38・5％の高い関税で守られているが、これが段階的に引き下げられて16年目には9％にまで下がる。アメリカなどからの輸入飼料も安くなってくるが、安い牛肉が入ってくることは防げない。

霜降り牛肉も外国で安く生産するようになるかもしれない。安い牛肉も、低温で熟成させるドライエージングという手法で、柔らかくおいしくなる。

では生き残る道は何か。おい

しくて安全で安心できる牛肉を良心的に作り続け、日本の消費者の信頼を得ることしかない。脂のない赤肉は安くて健康にいいかもしれない。でもたまには霜降りも食べたい。霜降り牛肉はふっくら炊けたごはんによく合う。

大橋さんはむしろアメリカやアジアへ輸出することを考えている。それぞれの好みに合うはずだと思う。また最近、すぐ近くにある北海道畜産公社北見事業所が、イスラム教徒が食べていい肉を供給する施設であることを証明する「ハラル認証」を受けた。イスラム教徒は豚肉は禁じられているが、牛肉は食べる。しかしイスラムの決まりにのっとって処理した肉でないといけない。ここで所定の手続きをへた牛肉は、中東ドバイなどへ輸出できる。イスラムの人たちが泊まる札幌のホテルなどへの供給もできそうだ。

将来の後継ぎ、長男の遼太君(23)は、いま京都の肉屋さんで修行中だ。徐々に激しくなる国際競争の中で、「知床牛」を伸ばせるか、大橋親子の取り組みは続く。

クラーク博士のつぶやき

米国産とうもろこしの大輸入基地、釧路港

酪農や肉牛飼育が盛んな北海道東部、それを支えるのがアメリカからのとうもろこしを中心とした輸入飼料。これがなくては成り立たない構造になっている。この飼料受け入れ基地が釧路港だ。釧路港は２０１１年5月、国の「国際バルク戦略港湾」に指定された。全国で5港が指定され、北から釧路、鹿島、名古屋、水島、志布志。中でも釧路が北米に一番近い距離にある。しかし釧路港は航路や岸壁の水深が最大で12メートルしかないため、アメリカからの穀物バラ積み船は、積み荷を減らし喫水を上げて入港するというもったいないことをしてきた。とうもろこしなどを、より大きな船で大量に安く輸入するには、航路や岸壁の水深をもっと深くしなければならない。２０１６年にはパナマ運河が拡張されて米ニューオーリンズからの船が大型化し新パナマックス船と呼ばれる大型船がやってくる。

そこで２０１４年から進められているのが、釧路港西港・第2ふ頭の沖合に長さ３２０メートル、水深14メートルの別の専用岸壁を建設し、そこへの航路を水深14メートルに掘り下げるとともに、第2ふ頭との間を長さ１５０メートルの細い道路で結ぶ工事。２０１７年度に完成すれば、飼料満載の大型船が実質水深16メートルとなる新しい岸壁に着岸し、とうもろこしなどは昼夜の別なくベルトコンベアでふ頭のサイロへと運び込まれる。

釧路でかなりの飼料を降ろした船は、その後、苫小牧、八戸、石巻、新潟へと向かうというのが国の戦略。飼料の自給化が図られている一方で、アメリカとの結びつきは強化されていく。

霜降り肉牛の子牛を繁殖
3日で親から離し3か月で次の牧場へ　遠軽町・安藤牧場

霜降り肉の牛は、もちろん最初から霜降りになっているのではない。霜降り牛肉の牧場は、ある程度育った途中の段階の若牛を買ってきて丹念に育てあげる。つまり牛を育てるのは、段階ごとの分業になっているのだ。

オホーツク海に近い遠軽町の繁殖牧場、安藤牧場を訪ねた。湧別川に沿って北見峠まで延びる谷合いの平地に、きれいな青い屋根の大きな牛舎が何棟も並んでいる。兄の馨一さん（37）と一緒に代表取締役をしている安藤潤さん（36）が説明してくれた。ここは阿寒湖に近い津別町の牧場から黒毛和牛のメス牛288頭を預かり、ほぼ1年に1頭ずつの子牛を生ませ、それを3か月間育てて津別町の牧場に送り返す仕事をしている。訪れたとき子牛は67頭いた。

中を見せてもらった。ずらりと通路に首を出してこちらを見つめる黒いメス牛、つまり母牛はどれも肌ツヤがよく栄養が満ち足りている感じ。耳にいくつもの標識をつけている。飼育リストには「花国安福」とか「美津百合」など似通った名前が並ぶ。同じ血統なのだ。一番いいのは「安福久」という名前の牛で、これは1頭しかいないという。これらの牛はお産をしてから1か月後の発情期に人工

乾いた敷わらで大事にされる子牛たち

授精をする。液体窒素の容器で保管している優れたオス牛の精液を授精師が膣に入れて妊娠させる。妊娠期間は285日。体重400キロの母牛から30キロ前後の子牛が誕生する。そして1か月ほどあとには次の妊娠をさせる。障害が起きなければ一生涯に11回から12回、子牛を産ませるという。

ここでちょっと牛の勉強をしてみよう。産まれた子牛は3日間だけ母親のそばで母乳を飲ませるが、4日目からは親から離して人が哺乳ビンで牛用粉ミルクのおっぱいを飲ませる。なぜ、そんな面倒なことをするのか。母牛に子牛の世話をさせておけばいいではないかという疑問が生じる。以前は半年ほど親子を一緒にさせて離乳は6か月前後だった。これは牧歌的だが、牧場経営の観点からは採算に合わない。研究と技術の進歩で、子牛はむしろ3日間で親から引き離して人が手をかけて育てた方がすくすくと育つことがわかった。親と一緒にいると親の糞尿で子牛が汚れるのと、母牛の負担を軽減し繁殖機能を早く回復させるのがねらい。実際に親子を切り離すと、母牛は卵巣の活動が活発になり、次の受胎が早まることが研究でわかった。急におっぱいを飲ませなくなっても、乳房炎などにならないという。3日間というのはかわいそうだが、乳牛のホルスタインの子は生後6時間以内に母親から引き離している。こうしないと、子牛の下痢の発生率が高くなるとされている。黒毛和牛の子はまだましなのだ。

しかし子牛に母親の初乳を飲ませることはきわめて大事なことだ。初乳には母親が持っている免疫グロブリンが血液から乳に移行している。子牛がこの乳を飲むと腸から血液に母牛の免疫が移る。この過程は子牛の病気予防や成長に大きく影響する。黒毛和牛の初乳は、乳牛のホルスタインの初乳と比べて抗体の含有量が2倍以上あるという。免疫グロブリンのほか、成長に有益な栄養素や成長因子、ホルモンが50種類以上濃縮されている。

また子牛が生まれると、母牛は懸命に子どもをなめあげる。この「リッキング」という動作で、なめられた子牛は産まれてから1時間ぐらいで起き上がる。そして2時間以内に母親の乳房を探し当て吸い付く。それまでは牛の第4胃（牛は第1胃から第4胃まで4つの胃を持っている）に羊水がたまっていて、これが腸に流れていったあとでないと食欲が湧いてこない。この3日間で子牛は母牛が持つ抗体

安藤潤さん（右）と妻の英恵さん

を十分に受け取れる。母親のリッキングで母親の第1胃の中にある微生物が子牛の身体に付着し、これによって子牛のその後の第1胃の発達が促進される。

以上、牛の生理学の一端を学んだが、再び話を安藤牧場に戻そう。ここでは1か月に25頭ほどの子牛が産まれる。夕方から深夜にかけて産むことが多く、そのたびに人が安全確認のためにお産に付き合っているという。何事にも楽な仕事はない。3日間で子牛専用スペースに移された子牛は、6頭ずつ乾いた敷きわらで過ごし、安藤さんたちから人工乳を1日6回哺乳ビンで飲ませてもらう。飲ませていくうちに愛情が湧いてくるという。黒毛の子牛はホルスタインより小さくて身体が弱く、風邪をひきやすく下痢をしやすい。少し成長すると、ひとまわり大きなスペースに移動させる。ここでは自分で哺乳ロボットの乳首に吸い付いて乳を飲む。2台のアメリカ製ロボットがあって、子牛が首につけた標識で判断し適切な量と回数で授乳する。こうして少しずつ配合飼料も食べるようになり、3か月で120キロぐらいに成長したところで津別町の牧場に引き取られる。

この安藤牧場、愛知県から入植して3代目。父親と兄の3人で最初は酪農をやっていたが、20年前からはいまの繁殖牧場に形態を変え、4年前から契約先が現在の牧場に変わった。牧草地も持っている。酪農に比べると作業は楽で確実に利益を得られるはずだ。規模の拡大も考えている。

実は肉牛の子牛の値段が急騰している。肉牛子牛は農家の高齢化などで供給が減ったのと、中国での牛肉消費が増えて海外で子牛を大量に買い付けている影響で、せり値が3年間に7割以上も上がった。2016年3月の宮崎県での平均価格は1頭82万6000円。これを買う肥育農家は悲鳴を上げている。

安藤牧場で3か月育てた子牛の行き先の津別町の牧場は、いわば繁殖牧場の親分だ。この地方の20軒の農家に合わせて3000頭の黒毛和牛の母牛を委託して年間2500頭の子牛を生産している。受け取った子牛は10か月ぐらいまで大きく育てて（これを育成牛という）、素牛として市場に出荷され霜降り肉の肥育牧場に買い取られる。つまり肉牛生産は、産院、保育園、小中学校、そして青年期と飼育の分業が行われている世界だ。

クラーク博士のつぶやき

ばんえい競馬

「ばんえい競馬」を見たことがない人は首都圏では多いはずだ。普通の競走馬の2倍以上の重さがある脚の太い大きな馬が、騎手と重しを乗せた鉄のそりを引っ張り、2か所の坂を超える、力と速さを競うレースだ。現在は帯広市が帯広競馬場で開催しているだけで、もちろん世界で唯一。

ばんえいは「輓曳」と書く。常用漢字表外なので、平仮名で表記する。

北海道の開拓、畑仕事や木材の切り出しはすべて馬の力によるものだった。軍用馬の生産も行われた。農家での馬の仕事は第2次大戦後まで続いた。このため北海道の地方の祭りでは馬の力比べの「草ばんば」がどこでも開かれていた。これが戦後、公営競馬となり、「ばんえい」は、帯広、旭川、岩見沢、北見の4か所で開かれていたが、赤字で2007年から帯広市の単独開催となった。

馬はペルシュロン（仏）、ブルトン（仏）、ベルジャン（ベルギー）などで、大きい馬は1200キロにもなる。帯広競馬場はロードヒーティングされ、冬も含めてほぼ土・日・月の通年開催となっている。写真はポニーの草ばんば。

クラーク博士のつぶやき

大企業の農業への参入

農業と関係がなかった大企業の農業への参入が活発だ。背景には農地法改正で参入の壁が低くなったこと、成長産業であること、モノづくりの技術が生かせることなどが挙げられる。

　たとえば半導体を作っていた富士通の福島の工場では、クリーンな室内環境を生かし人工光でレタスやホウレンソウを栽培。富士通は静岡にも温室農場を持ち、ケールを栽培。トマトなどの栽培にも取り組むという。このほか東芝、トヨタ、安川電機、東急建設、大林組、阪神電鉄、三井物産、伊藤忠、三井不動産、東急不動産、岡谷鋼機、クボタ、コクヨ、セコム、ＪＴなど枚挙にいとまがない。イトーヨーカドー、イオン、ローソン、キッコーマン、キユーピー、カゴメ、ビール各社などはさらに積極的だ。

　農水省調べでは、２０１５年12月現在、土地を借りる方式では異業種の農業参入は２０３９社、土地を所有する方式は３９８社。作物別では野菜がもっとも多く42％。果樹10％、畜産３％などで、コメまたは麦が18％もある。これは業務用の多収量米の生産のようだ。

　植物工場と呼ばれる温室栽培は、自動制御技術を駆使。まさに「農業の工業化」であり、大企業、大資本ならではの圧倒的な力を示している。

　失敗例もある。医療器具のオムロンは、97年１月、新千歳空港近くに22億円を投資、巨大ガラス温室を建てトマト栽培を始めたが、生産が計画どおりにいかず３年で会社を解散撤退した。ユニクロ＝ファーストリテイリングの子会社も、02年、自然農法の農家から作物を買う方法で通信販売を始めたが１年半で撤退している。

北海道のおいしいコメ「ゆめぴりか」登場！
「ななつぼし」、「ふっくりんこ」と並ぶ特Aトリオ

どのコメが一番おいしいか、日本穀物検定協会が毎年2月に行っているコメの食味官能試験。2012年、全国から持ち寄られた前年産米のおいしいコメの中から選ぶ最上級のコメの「特A」に、北海道の「ゆめぴりか」が選ばれた。「ゆめぴりか」が全国市場の市民権を得た瞬間だった。

この試験は提出されたサンプル米を同じ条件で冷蔵保存し、同じ種類の電気釜で同じように炊いたものを20人の専門審査員が食べ、味、香り、粘り、硬さ（柔らかさ）、外観などを評価して番号で選ぶ。

もうひとつの北海道のコメ「ななつぼし」が、その前年の2011年2月から北海道初の「特A」になっていた。

「ゆめぴりか」と「ななつぼし」が、その後も毎年「特A」に選ばれているのに加えて、2015年産米では、前年、本格発売前の参考品種（出荷量がやや少ない）の「特A」だった「ふっくりんこ」も、正式に「特A」と認められ、北海道産のコメは3銘柄が堂々「特A」に並んだ。

食味官能試験は1971年から始められ、「特A」は1989年産米では全国で「コシヒカリ」と「あきたこまち」の2つだけだった。それが次第に増え、2015年産米の食味官能試験には、東京、

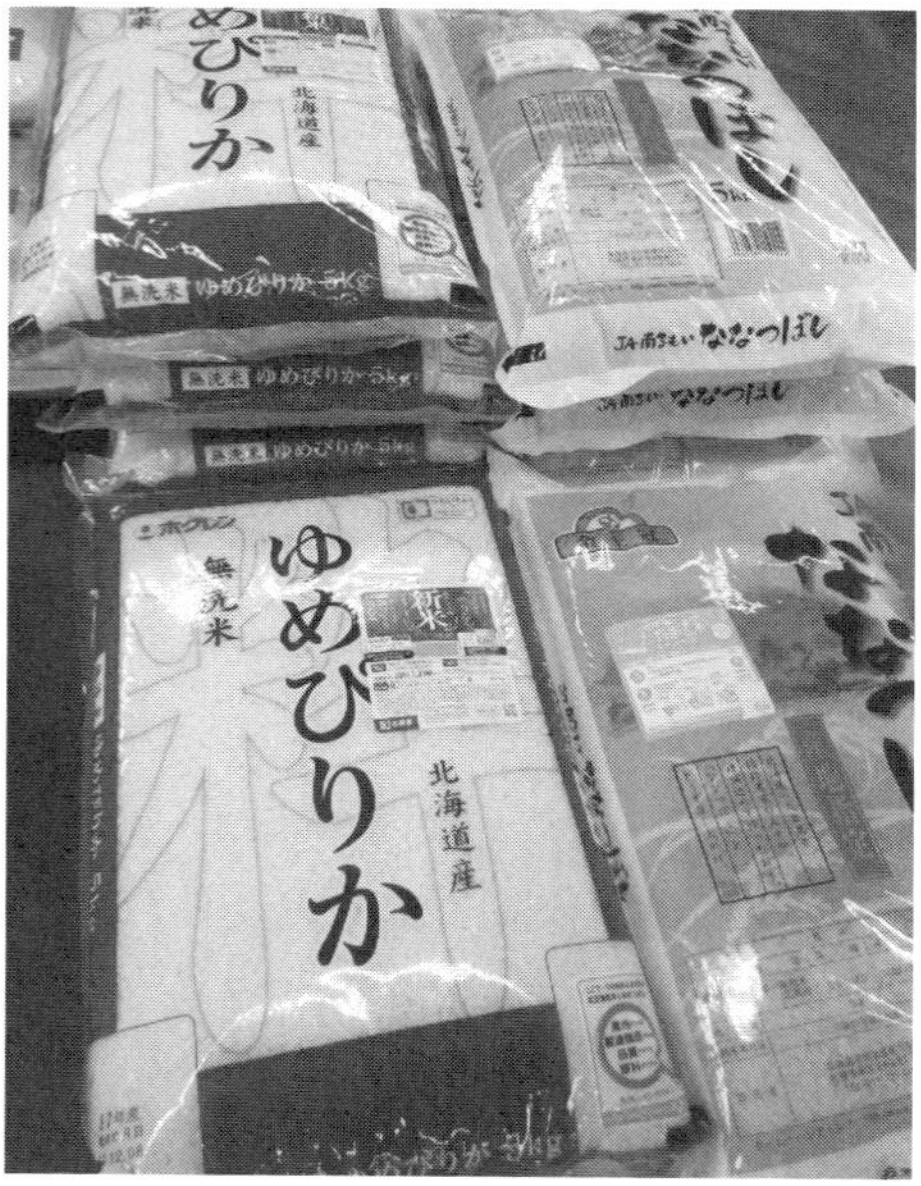

市場での評価も高い「ゆめぴりか」

大阪、沖縄を除く全国44道府県から１３９の産地品種が出品された。産地品種というのは、たとえばコシヒカリは数多くの産地ごとに出品されるので、こうした表現がとられる。

　この中から特Aランクに選ばれたのは過去最多の18品種、46銘柄だった。コシヒカリは新潟だけでも産地が魚沼など５つ、全国では19産地もあり、こうした産地の重複を省くと、品種（種類）としては18品種だった。今や18品種の「特A」の中に北海道のコメが３品種も入っているのだ。

「ゆめぴりか」は市場での評価も高い。農水省の平成27年（２０１５年）産米の相対取引価格（２０１6年2月）によると、一番高いのは新潟魚沼産コシヒカリ、玄米６０キロ税込みで２万７８６円、この次が山形の「つや姫」の１万８１５９円、３番目が「ゆめぴりか」で１万７１１８円だった。「ななつぼし」も１万３３０５円で、宮城ササニシキの１万３３８１円には及ばなかったが、秋田「あきたこまち」の１万２７１９円を上回った。

「ゆめぴりか」は、２００８年から生産が始まった北海道が誇る新しいコメ。「夢」と、アイヌ語で美しいという意味の「ピリカ」を合わせた名前、一般から公募した。特徴は、粘りがあって炊き上がりが柔らかく艶がある。粒に厚みがあってしっとりしている。

北海道のコメは、以前は評判が悪かった。「臭い、まずい」と酷評され、道民からもそっぽを向かれた。１９６１年には北海道のコメの生産高は新潟県を抜いて全国一だったが、空知産の「イシカリ」は最低評価の「C」だった。15年前は、道民が食べるコメに北海道産米が占める割合は4割に届かなかった。１９７０年代から栽培技術の進歩とパン食の普及によって、コメはそれまでの不足から余る時代となった。量ではなくおいしいコメが求められるようになった。北海道米もこれではいけないと、味のよいコメづくりに取り組み始めた。

まず8年かけて開発した「きらら３９７」が、１９８８年に初めて食味試験で「特A」の下の「A」に認定された。これが北海道米躍進のきっかけとなった。関係者にも自信を持たせた。さらなる努力が功を奏して12年後の２０１０年産米の「ななつぼし」が北海道初の「特A」に、翌年からは「ゆめぴりか」も「特A」に並ぶ。

「ななつぼし」が出回り始めたころから首都圏のコメ業者の間でも北海道米の評価が高まり、これにつれて作付面積も回復していった。２００９年からはコメどころ新潟県に次いで全国2位。２０１1年には1年だけだったが、収穫量が新潟県を抜いて1位になった。（北海道63万４５００トン、新潟県

平成26年・27年産米の相対取引価格　農水省調べ　玄米60キログラム		
	平成26年12月	平成28年２月
新潟魚沼コシヒカリ	19408円	20786円
山形つや姫	16722円	18159円
北海道ゆめぴりか	16687円	17118円
北海道ななつぼし	12555円	13305円
宮城ササニシキ	12231円	13381円
あきたこまち	11808円	12719円

63万1600トン）そして道民が食べるコメに占める北海道産米は9割に達するようになった。

地球温暖化も北海道に味方している。昔、寒い北海道は冷害続きだったが、この100年間で平均気温が2度以上高くなったとされる。そこにもってきて、稲作づくり技術が進んで寒さを逆に利用して寒暖の差によるおいしいコメ作りができるようになった。しかも水田の統合、機械の大型化によって大規模化が進められている。北海道は、いまやおいしいコメの一大産地になろうとしている。

「ゆめぴりか」の収穫を、空知平野の奈井江町に見に行った。笹木兼一郎さん（50）は石川県から開拓に入ったコメ農家の4代目。道央道が走る山の近くの水田で「ゆめぴりか」を25ヘクタール（1ヘクタールは100メートル四方）、飼料米を5ヘクタール栽培している。コンバインで収穫した「ゆめぴりか」のもみは大急ぎで自宅に運ばれ、4台ある乾燥機に入れられていた。笹木さん、「ゆめぴりか」は肥料をやりすぎないようにするのがコツ。今年のでき具合はいい」と語る。

栽培を始めて6年目、2014年にとれたコメは、北海道米麦改良協議会で最優秀賞に輝いた。たんぱく質の含有率は6・8%、とてもおいしいという。コメづくりは、水が豊かで水はけがよく日照時間が長く昼夜の温度差が高い所が適している。笹木さんの田はそういう条件を満たしているが、ケイ酸の投入などのノウハウがあるようだ。

「ゆめぴりか」が大変な人気を博しているので、北海道の水田が全部「ゆめぴりか」に変わったかというと、そうではない。むしろブランド米になっただけに品質を保持しなければ市場からそっぽを向かれる。基準は、味を左右するアミロースが14・3%前後と低く、たんぱく質も7・4%以下とされている。だからこの基準を満たすものでなければならない。その基準にちょっと及ばない、たんぱく質が7・5%から7・9%は、「ゆめぴりか」という名前ではなく「ゆめぴりかブレンド」という名前で市場に出されている。そしてたんぱく質8%以上には、まったく名乗らせない。

それにはまず種子をきちんとしたものにすることだ。北海道庁は毎年2月に種子協議会を開いてその年の奨励品種ごとの作付け計画をたてている。主要農産物種子法という法律にもとづいた会議だ。種子は試験場で作られた原原種を増殖させて原種を作り、それをもとに特定の種子農家で一般用の種子を生産し、JAなどを通じて必要な農家に供給される。だから誰でも簡単に「ゆめぴりか」を栽培するというわけにはいかない仕組みだ。こうして「ゆめぴりか」の味は守られている。

さらに「ゆめぴりか」の中で最高の「ゆめぴりか」を選ぶ、初めてのコンテストが2015年12月9日、札幌で行われた。ホクレンなどで作る「北海道米の新たなブランド形成協議会」が主催したも

コンバインを運転する笹木兼一郎さん

北海道米販売拡大委員会が推奨するコメ
▲うるち米＝ゆめぴりか、ななつぼし、ふっくりんこ、きらら397、ほしのゆめ、ほしまる、おぼろづき、ゆきひかり、あやひめ、大地の星、そらゆき、ゆきめぐみ、きたくりん
▲もち米＝はくちょうもち、風の子もち、きたふくもち、きたゆきもち
▲酒米＝彗雪、吟風、きたしずく

増える北海道米の輸出
北海道米は海外にも輸入されている。旭川の「たいせつ農協」は2012年から「ななつぼし」などの輸出を始め、14年産米は香港、台湾、シンガポールに合わせて83トンを輸出。15年産米は初めてハワイへ110トン輸出するなど270トンの輸出を予定している。海外では和食ブームで、おいしいコメが評価されるようになった。

ので、炊き立ての「ゆめぴりか」ごはんを８人の審査員が香りや味を確かめた。その結果、砂川市と奈井江町にまたがるＪＡ新すながわの50戸の特別栽培米が最高金賞を獲得。年末に１００トン限定で通常の２割増しの価格で販売された。

北海道米の栽培面積は、２０１４年産米の場合、１位が「ななつぼし」で44・３％、２位が「きらら３９７」で20・３％、３位が「ゆめぴりか」で16・２％、４位が「ふっくりんこ」で６・９％だった。「ゆめぴりか」の栽培面積が次第に増えてきていることは間違いない。２０１７年は１万９０００ヘクタールの見込み。

コメどころ岩見沢では「ゆめぴりか」の栽培面積は、２０１３年産米ですでに40％で、「きらら３９７」の37％を超えていた。栽培がむずかしい面もあるが、評判を維持しながら徐々に生産量を増やそうという道庁の作戦がある。

テレビでは着物姿のマツコ・デラックスのテレビ・コマーシャルが流れている。「いつもは『ななつぼし』だけど、今夜は『ゆめぴりか』の気分！」。「コシヒカリ」を追い越せと、北海道米のＣＭは威勢がいい。

クラーク博士のつぶやき

北海道稲作の父、中山久蔵

明治の初め、アメリカから開拓使顧問として招へいされたケプロンや札幌農学校初代校長のクラーク博士は、北海道は家畜飼育と畑作によるアメリカ式の大規模農業にすべきであり、寒冷地であることから本州のような稲作は適さないとした。稲作は禁止され、クラーク博士も学生たちにコメを食べることを禁じたといわれる。ところがこうした方針に抵抗して札幌近郊で稲作を成功させた人物がいた。その人の名は中山久蔵（1828〜1919）。大阪河内の農家の生まれで、仙台藩士に雇われていまの苫小牧にたびたび来ていたが、明治維新後、いまの恵庭市に入植、千歳川支流の島松川を渡った北広島市側に水田を開き、すでに稲作が行われていた道南から「赤毛」「白髭」という品種を入手して栽培を試みる。春先、苗代にまいたもみを発芽させるため風呂の湯を夜通し注いだうえ、冷たい川の水が直接、田に入らないように工夫するなどで、明治6年（1873）、ついに「赤毛米」の収穫に成功する。現在の数量に換算して10アール※345キロもの収穫、道南より北では初めての稲作だった。

中山久蔵は種もみを無償で開拓民に配って石狩・空知地方に稲作を普及させる。こうした熱意がみのり、彼は道庁の嘱託となって水田への直まきを奨励してまわる。明治10年の第1回内国博覧会では北海道のコメを出品して大久保利通内務卿から褒章をもらう。中山久蔵がその任にあたっていた旧島松駅逓所は、クラーク博士が学生たちに「青年よ大志を抱け」ということばを残して去った場所。その石碑とともに「寒地稲作発祥の地」の碑も建っている。

※1アールは10メートル四方、100アールで1ヘクタール

「ゆめぴりか」作り出した上川農業試験場
11年かけ2万3000個から選出

北海道のコメ農家にとって救世主のように登場した「ゆめぴりか」はどのようにして開発されたのだろうか。2008年に「ゆめぴりか」を開発した上川《かみかわ》農業試験場は、旭川市の北隣、比布《ぴっぷ》町の田園地帯にある。正確には地方独立行政法人、北海道立総合研究機構農業研究本部上川農業試験場という。

研究主幹の佐藤毅（さとう・たかし）博士は、延べ16人の開発チームの中心メンバーだった。延べというのは、コメの新品種を作り出すには10年という歳月がかかるからだ。多いときで6人が開発の作業にあたったが、転勤でメンバーが入れ替わり、すでに5人が退職している。

北海道のコメは「まずい、固い」と言われながらも、コメ不足の時代はそれでよかった。しかしコメ過剰の時代になると、「やっかいどう米」「鳥またぎ米」などと非難されて売れず、ほかのコメとブレンドして消費するしかなかった。このため1970年から始まった減反でも北海道の割合が一番高く全国の3分の1を割り当てられた年もあった。半分以上の水田でコメを作らなくなった。そこで始まったのが量から質への転換、つまり「おいしいコメ」づくり。1980年から道の試験場で新たな研究プロジェクトが始まった。

新品種開発の手順

コメの新品種開発の手順はこうだ。まず1年目は夏に稲の母親になる「めしべ」に、父親になる「おしべ」の花粉をかけて80種類ほど交配させ、秋にその種を収穫する。そのすぐの子孫になる「F1」（Fはラテン語で息子を意味するFiliusの頭文字）を、続く冬に温室で栽培する。春を待っていては時間がもったいないからだ。2年目は暖かい北斗市の道南農試を使って春から夏に1期作（F2）、秋から冬に2期作（F3）をして世代促進をする。3年目は個体選抜、10数万個体の中から優れたF4を選び出す。4年目は系統選抜、数千種類の系統の中から優れたF5を選び出す。5、6年目、収量などを調べて数百から数十種類の系統の中から優れたF6、F7を選ぶ「生産力検定試験」。

7〜9年目は「上育〇〇〇号」の番号をつけて「奨励品種決定試験」。上育は上川農試で育てたという意味。

3年間かけてこれら「上育〇〇〇号」が従来の品種より優れているかどうか、試験場が信頼している各地の篤農家に委託栽培して調べる。試験場で優れていると思っていても、農家で「駄目」のシグナルが出ることも多いという。こうして10年目にようやく新品種誕生となる。

この途中に寒さに強いかどうかの試験、いもち病に対する試験、実際にご飯にして、食べてみておいしいかどうかの試験などが行われる。

10年間を短縮する方法もある。1年目に交配したものの中から実験室の試験官を使って葯培養《やく》という方法で、遺伝的に固定した系統を作り出す。葯とは、おしべのことで、その中に花粉が詰まった袋のこと。この花粉から植物体を作り出す。この方法を使えば新品種開発は2年短縮できるという。

こうして上川農試が1988年に開発したのが「きらら397」。それまでの北海道米と比べると、おいしさは飛躍的に向上した。旭川市内には記念碑も建った。そして長沼町にある中央農試が2001年に開発したのが「ななつぼし」、北海道のコメの評価を大きく上げた。2010年から毎年、最高品質である特Aを取っている。

上川農試

もっとおいしいコメを作り出そう。でも、どんなコメを目指すのか。炊き上がったごはんが、「粘って、柔らかい、つやがある、粒が厚く、しっかりしている」のが、総合的においしいとされる。成分的にはアミロースという成分が適度に低いのが、おいしさを左右することがわかっている。アミロース・ゼロはもち米だ。しかも栽培して収量が多い方がいい。もちろん北海道の寒さに耐え

次の新品種目指し温室で栽培

られなければならない。当時の北海道米はアミロースが23％以上もあった。「やっかいどう米」と言われた時期だった。炊いたごはんはボロボロになり、ふんわり感がなかった。本州のコメはアミロース17～18％程度だった。

こうした目標をたてて上川農試では１９９７年（平成９年）から多くの人工交配が繰り返された。といっても、研究者たちはそれまでの経験からどの系統がそれに近いかを知っていた。研究には忍耐とともに、ひらめきも重要なのだ。

低アミロース系統の、すでに開発された品種「きらら３９７」の組織培養による突然変異の「北海２８７号」＝「おぼろづき」の父親）を母に、そして収量の多い

「上育４２７号」（ほしたろう）を父とすることになり、人工交配が始まった。

最初の試験管での花粉培養（葯《やく》培養）は、２万３２２８個にものぼった。そして翌年以降、２９１↓１０５↓40と次第に絞られていった。この中の「ＡＣ９９１８９」が優れていると認められ、２００５年に「上育４５３号」という名前がつけられて農家での栽培試験に移された。そして栽培にも問題がないことがわかり、２００８年の道の優良品種認定委員会で、これが優良品種として認定された。研究を始めてから11年たっていた。そして名前の一般公募が行われ、夢とアイヌ語のピリカ（美しい）を結んだ「ゆめぴりか」が誕生したのだった。

「ゆめぴりか」は、アミロースの含有率が15%から16%。それまでの代表的な北海道米の「ほしのゆめ」の20%程度にくらべると適度に低く、栽培も、これまでの品種と比べてそれほどむずかしくはないことがわかった。

ところで、「ゆめぴりか」の開発に大いに役立ったものがある。コメのなかのアミロースの率をはかる装置を先輩たちが改良していた。上川農試が１９８８年に開発した当時の新品種「きらら３９７」は、北海道産のコメで初めて食味がＡランクになったのだが、ぼう大な対象の中からアミロースが低いものを効率的に見つけ出さなければならなかった。これに取り組んだのが中央農試の稲津脩さん。アメリカ製の血液成分分析用のオートアナライザーを改良に改良を重ねて飛躍的なコメ分析装置に高めた。これがその後の研究に大いに役立ち、「きらら３９７」、「ほしのゆめ」、「ななつぼし」、

研究主幹の佐藤毅さん

「ゆめぴりか」へと発展していったのだった。

「ゆめぴりか」を開発した佐藤さんらには北海道科学技術賞と北農賞が贈られた。

そして「ゆめぴりか」に続いて、「ふっくりんこ」も２０１４年産米から参考品種の「特Ａ」に認定され、15年産米が正式に特Ａに認定された。この「ふっくりんこ」は、「ゆめぴりか」に先駆けて２００３年に道の道南農試が開発したもので、道南と空知の一部という北海道南部の産地限定で栽培されている。こうして３つの農試がそれぞれ開発した新品種が全国で評価されたことになる。

佐藤毅さんに上川農試の南向きの研究温室を案内してもらった。11月だというのに稲の苗が育っていた。別の温室は田植えをしたばかりで、苗が30センチほどに育っていた。春には稲刈りをするという。これらの温室は土も暖め、温室ベッド、地下埋設パイプから供給される水も冷たくなく、空気も25度を保たれていた。種子もみをまくときは、ビート栽培に使うような格子状の紙枠を使って手で一粒一粒ていねいにまく。廊下を隔てた無菌の部屋は葯培養室だった。

こうして育てられた137種6500株の稲は、翌16年3月15日に刈り取られた。「ゆめぴりか」に続く新品種の開発は、期間短縮のため、冬の寒さも関係がない環境を作って進められていた。

自身も秋田の農家の出身だという佐藤さんは話す。「以前は17年間も新品種が生まれない時期もあったが、最近では1、2年に一つ程度は出るようになった。いまの課題は「ゆめぴりか」の味を落とさずに収量がより多い、寒さや病気に強い品種にすることと、「ななつぼし」の後継では、さらに収量を上げ病気に強いものを作り出すこと。新品種づくりは終わることのないサイクルで、必要なのは根気です」

取材した私は、気が遠くなるような根気に加えて、情熱と科学者のひらめきが成否を決めるカギではないかと思った。

クラーク博士のつぶやき

石狩平野のかんがい

北海道中央部に広がる広大な石狩平野とその北側に連なる上川盆地、いまや日本一の豊かな穀倉地帯だが、ここに至るまでには稲作を求める農民の熱意と土地改良への税金の巨額投入があった。

開拓が始まった明治、石狩平野は不毛の泥炭地だった。水はけが悪いため枯れた植物が微生物によって分解されず泥状に積み重なって堆積し、作物が栽培できる状況ではなかった。

開拓使はまず石狩川の流れを直線にする工事を始めるとともに、用水路、排水路の建設を進めた。農民も馬そりで山から腐植土を運んできては客土した。北海道は畑作には向いているが稲作には不向きとする考え方がケプロンらお雇い外国人の間で支配的だったが、内地から移住してきた農民は稲作に執着し、4年に1度という冷害を乗り切って明治後期には直《じか》まきや深水湛水という稲の栽培法を確立した。また運河を開削し、夕張川沿いの南幌町には幌向運河、長沼町には馬追運河が設けられ、作った農産物を運ぶ手段にも使われた。

昭和4年（1929）には石狩川の支流、空知川の水を利用した延長80㎞の「北海幹線用水路」が完成し、砂川、岩見沢などの1万6000haをかんがいするようになった。

戦後、世界銀行の借款で大規模な石狩川総合開発が進められ、各地に大きなダムが建設され農業用水の拡充が進められた。

人が操縦しない田植え機
ロボット農業目指す技術開発　士別市

トラクターなどの大型農機具を自動操縦で動かし、少ない人数で大規模なコメづくりを進めようとしている先進的な農村がある。旭川から北に約50キロ、士別市上士別地区に行ってみた。地区の奥に岩尾内ダムがある天塩《てしお》川の上流部、川が東西に流れ南北に低い山がある幅2キロほどの平野、明治時代の最後となった屯田兵が入植した水田地帯の一部だ。

ここもご多聞にもれず離農、高齢化、後継者不足で、農業の維持が困難な状況だった。そこに開建(国)名寄農業開発事業所から驚くような大きな提案があった。小さく散らばっている農地を大規模化して効率的な農業経営をやってみないか。受益者負担はわずか3%というのだ。1軒あたりにすると数百万円の負担になる。でも地区の意見は「やってみよう」でまとまった。

もともとここは、岩尾内ダムを水源とする国営総合かんがい排水事業が行われた場所。しかし田や畑は1枚が0・3から0・5ヘクタールという小さな区画だった。こんどの国営事業は75戸の825ヘクタールが対象となり、2009年度から8年計画で2152枚の田と畑を288枚に統合した。1枚は平均2・86ヘクタールと格段に大きくなった。経営も統合して4つの地区ごとに農業生産法人

ロボット農業に挑む水留良一さん

が組織された。

そして田を大きくすると、さらに効率化に進んだ。9月中旬、このうちのひとつ、兼内地区の巨大な田んぼへ、JA北ひびき上士別支所の高橋正尚さんに案内してもらった。その田んぼは、東西130メートル、南北が520メートル、広いので境目がどこにあるかわからない。翌週に稲刈りをするということで稲穂が重く垂れさがっていた。

自動操縦トラクターを扱う農家10人で組織する「上士別IT農業研究会」のリーダー、コメ農家の水留良一さん（53）にトラクターを見せてもらった。アンテナが付いているほかは普通のトラクターと変わらないが、受信装置と自動操縦装置を取り付けて指示すると、人が運転しなくても黙々と作業をこなす。２０１５年の春はここで水を張った田の土をかき起す、「代《しろ》かき」と田植えを自動で行った。

　このＩＴ農業、北海道大学・農学研究大学院の野口伸教授が２０１０年から指導している国のモデル事業。ＪＡ上士別支所の屋上にアンテナを建てて全地球測位システムを受信し10キロ四方をカバーした。ここからの電波を受けてトラクターに指示すると、トラクターは蛇行したり同じ場所を重複することもなく、まっすぐ走る。それまでは３人がかりだった田植えは、苗を補給するために１人が乗るだけになった。端っこまで行くと、隅にこしらえた緩い斜面を使って自動的に方向転換してまた進む。５２０メートルの長さを片道13分、誤差は５センチ以内だった。将来は２センチまで縮小させる。初期投資は地上無線局が５００万円かかったが、農家の負担はトラクター１台につき２００万円とそれほどでもない。

自動操縦できるトラクター

　こうして作業時間は半分になった。なによりも機械は人間のように休憩をとる必要がない。夜も作業ができる。

たまに衛星の電波を受信できない時間だけがお休みになる。

しかし春先の苗づくりだけはまだ欠かせない。田んぼに直接種もみをまく直播《じかまき》には、まだ踏み切れない。暖かいハウスの中で稲の苗を育てて田植えに備える。

水留さんから名刺をもらった。肩書に「命と健康を守る米侍～こめざむらい～」とあった。さすが屯田兵の子孫。30ヘクタールの水田で、面積が多い順に「ななつぼし」、「おぼろづき」、「ゆめぴりか」、「ほしのゆめ」を栽培している。２０１５年は拡大された巨大水田での最初の収穫だったが、まあまあな出来具合だったという。

野口教授らが一番気を使っているのが事故。トラクターは前方に人を感知すると停まるが、安全対策は二重三重に考えられている。稲刈りの自動化もそのうちに行われるだろう。

こうして余裕ができた労働力で収益の高い農作物や農産品の加工を始めた。会員65人の「上士別を築こう会」では、トマトジュースの「ほたるの恋人」、ジャム、塩こうじ、コメ粉のパン、漬物などを作って販売している。地域に活気が戻り、後継者不足にも燭光が射しこんでいる。

上士別のような受信局は、岩見沢、妹背牛《もせうし》にも設置されている。岩見沢では同時に3台の無人トラクターが重なり合うこともなく作業をするデモンストレーションがメーカーの主催で行われた。メーカーはもうロボット農機具の販売を始めている。ロボット農業を目指す取り組みは着実に進められている。大規模化によって低コスト化をはかる北海道のコメ生産に向いた技術開発なのだ。

クラーク博士のつぶやき

開建《かいけん》

「開建」とは、国土交通省の出先機関である札幌の北海道開発局と、その下部機構として道内10か所に置かれた開発建設部を指す。それぞれの開発建設部の下に、道路事務所、港湾事務所、農業事務所など多数の組織がある。この「開建」が担当する分野は、道路、河川、港湾、空港、農業、水産、都市計画、出先官庁の営繕と多岐にわたる。

　明治維新で政府は札幌に北海道開拓使を置き、国の手で開拓・開発を進めてきたが、戦後の１９５０年、食料増産のために「北海道開発法」を制定して「北海道開発庁」を設置、運輸、建設、農林の国直轄事業を始めた。２００１年に北海道開発庁は廃止されて国土交通省北海道局となったが、北海道での膨大な事業はそのまま続けられている。

　釧路開発建設部の農業部門についてみると、戦後の農地緊急開拓に始まり、大規模農地開発、明渠排水、別海のパイロットファームと新酪農村の建設、公共育成牧場のための牧草地開発、大型農業機械が入れるように農地の大型化など基盤整備を進めてきた。

　農業地帯に広がるまっ平らに整備された大規模な畑や広大な牧草地、広域農道、排水場など、ほとんどが「開建」の手になるもの。「開建」抜きでは今日の雄大な北海道の景色はできなかった。

　２０１６年度の北海道開発予算案は前年度比４億円増の総額５４１７億円。道路整備、農地の大区画化などの農林水産基盤整備、治山治水などにあてられる。以前に作った明渠排水路が泥炭地のため沈下し機能不全になっているのを修復する事業や、牛の排泄物で川や環境が汚染されるのを防ぐ事業など、仕事のタネはつきない。

田植え省略する「直《じか》まき」輸入飼料に代われるか、飼料用米

1．種もみの直まき

２０１４年秋、コメの価格が大幅に下落した。前年に比べて20％から25％も下がり、暴落といっていいほどの異常さだった。原因は前年の過剰米の存在だった。ＴＰＰで輸入を約束してしまった外国からの輸入米は政府が全量買い上げて備蓄するというが、国民一人あたりのコメの消費量がピーク時の１９６２年の半分にまで減っていることを考えると、コメあまり現象はこれからもあり得る。そうした中で生き残るには、味がよいことと、値段が相対的に安いことだろう。

コメづくりのコストを減らす、もう一つの方法に直播《じかまき》がある。稲は普通、苗代《なわしろ》、寒い北海道ではビニールハウスでまず苗を育て、10センチ前後に育ったところで田に移植する。まるで芝生のように密植された苗を田植え機にセットして、１か所に数本ずつ田に植える。これを条〔列〕と呼び、いまの田植え機は30センチ間隔の条を一度に最大10条植えて進む。人が手で押す機械から人が座って運転する機械が主流になっている。

以前は人が手で一本１本植えていた。数人が横一列に並び、張られた糸の目印に沿っていっせいに

苗を植えるのだが、長い時間かがむ作業は腰を痛めた。元気づけに田植え歌も歌われた。これが田植え機という便利な機械の登場で革命的な労力の節約になったのだが、それでも担い手が減り高齢化が進む農家にとっては一大作業。この作業を省いていきなり田に機械で種もみをまいてしまうのが直播。稲作の労働時間が4分の1節約になるという。直播には水を張って代かきをした田にもみを直接まく方法と、乾いた田にまく方法の2つがある。乾いた田も、一度水を張って土を柔らかくしてからもみをまき、発芽して少し葉が出ると水を張る。また除草などの作業をしやすいようにきちんと条（列）を作ってまく方法と、本当にバラバラまく「散まき」がある。「散まき」は稲が生長すると倒れやすいといわれる。

「鉄まきちゃん」株式会社クボタ　ウェブサイトより

直播にあたっては、もみに過酸化カルシウム剤をコーティングするのが一般的だったが、2004年、画期的な技術が登場した。塩水で消毒したもみを水に浸した後、鉄の粉をまぶす「鉄粉コーティング」だ。この方法は国の研究機関である農業・食品産業技術総合研究機構（通称農研機構）近畿中国四国農業研究センターの山内稔博士が開発した。

なぜ鉄の粉をまぶすかというと、鉄の重みで、もみが土中に沈んで均一にしっかり芽を出すほか、せっかくまいたもみを鳥に食べられるのを防ぐことができる。病害虫にも効果があるという。最近は直播用の種子まき機械も登場している。

直播はもともと明治時代後期に北海道で始められた。本州から移住した農民たちが何とかしてコメを作りたいと編み出した苦肉の策。田植えをしていたのでは生育が遅れて秋の収穫に支障がでるとして直まきをして収穫にこぎつけた。そして直まきはいまも北海道で進められている。

しかし水田にトラクターで種を直まきできる季節になると、従来の田植えでは、もうビニールハウスで育てた苗がある程度大きくなっている。直まきはこの分だけ生育が遅くなり、したがって収穫も遅くなって秋の寒さの影響を受けやすい。ここがネックだったが、早く生育する品種開発に努めた結果、２００３年から「きらら３９７」系統の「大地の星」という直まき品種が登場した。収穫したコメの価格は田植えしたコメより2割ほど安いが、その分コストはかけていない。業務用の冷凍ピラフなどに使われているという。直播は北海道でも、空知や上川で広がっている。各地に直播研究会が組織され北海道直播稲作ネットワーク会議が推進にあたっている。

直播は高度経済成長期で人手不足が著しかった１９７４年にピークに達していた。収量が少ないことからその後は減っていたが、鉄粉コーティングなどの技術開発で、東北、北陸、中国、四国を中心に再び増え、2014年度は全国で2・6万ヘクタールになった。まだ全体の1・6%と少ないが、大規模化、低コスト化、省力化、そして農家の高齢化対策に効果的であることから、今後北海道でも増えそうだ。とくに米粉づくりを目的とした栽培や飼料用米づくりに適していると言える。

2.「多収量米」の栽培

もうひとつ増えているのが水田での「多収量米」の栽培。外食や弁当向けの「業務用米」は安さが重視される。そこで同じ面積でも3割から5割も多くのコメを収穫できる品種が開発されている。「北陸193」、「モミロマン」、「べこあおば」などは、10アールあたり850キロから900キロもとれる。味はそれほど追求しない。北海道でも「きたあおば」の栽培が適しているとされる。さらに品種改良や技術の進歩で10アールあたり1トンの収穫も近づいているという。

この多収量米のひとつとして北海道で栽培面積が増えているのが「そらゆき」。道中央農試岩見沢試験地が2013年に開発した新品種で、食味がいい「上育455号」と病気に強く収穫量が多い「大地の星」を掛け合わせて誕生した。栽培面積が減っている「きらら397」に比べて8%ほど収量が多く、業務用へ販売が増えている。

3．飼料用米の栽培

飼料用米とは、牛、豚、鶏などの家畜に与えるコメのこと。「コメを牛や豚に与えるなんて、とんでもない、もったいないことだ」と、ひと時代前ならお年寄りから怒鳴られるところだが、いまはこれが政府の政策になっている。２０１５年３月、政府は新しい「食料・農業・農村計画」を閣議決定し、飼料用米生産の大幅拡大を打ち出した。コメの減反（生産調整）を２０１８年に廃止するのにともなって、２０１４年度に年間17万トン、15年度に40万トンだった飼料米生産を、25年には１１０万トン程度に増やすことになった。ちなみに主食用米の生産量は８４３万トンである。

飼料米づくりは、コメを家畜に食べさせることで畜産経営を安定させるのがねらい。アメリカのとうもろこしは、バイオエタノール原料にも使われるようになったし、中国の買い付けが増えて価格が上昇し、量的確保が保証できない。そこで考え出されたのが日本であり余るコメ。水田からの転作も簡単だ。価格は主食用米の６分の1だが、10アールあたり10万５０００円までの交付金がもらえる。コメ粉にされる加工用米より割がいい。できた飼料用米は検査のうえ全農の工場に回され配合飼料にされて畜産農家に販売される。

北海道でもすでに美唄市などで栽培されている。秋の田に、たわわに実る稲穂、「たちじょうぶ」という飼料用米だ。主食用米の1・5倍もの収量がある。農林水産省は全国で20品種を奨励している。「モミロマン」や「もちだわら」が一般的だが、寒い北海道では「きたあおば」、「たちじょうぶ」、

「北瑞穂」が推奨されている。

　では人が食べた場合、味はどうかというと、「まずくて、とても食べられない」そうだ。しかし、とうもろこしなどに比べて栄養価は高い。むしろ高すぎて家畜が消化不良を起こさないかが心配される。だから配合割合に気をつかうことになる。また家畜用のとうもろこしのデントコーンのように収穫前に青刈りして茎や葉と一緒に砕いて発酵させる「稲発酵粗飼料」という発想もある。

　コメはすでに家畜に食べさせている。市場にコメがだぶつかないように政府が買い上げる主食用米の備蓄米は、3年程度、保管した後、えさ用として飼料メーカーに安く売られている。これは飼料用米ではなく本来は人間様が食べるコメだが、とうもろこしなどと混ぜて家畜の飼料となり農家に供給されている。すでに味を知っている牛もいるのだ。

　そして市場価格での購入費、倉庫保管料、安く売ることによる差損は税金で穴埋めされている。この主食用米の備蓄米、政府が150万トンを限度に保有しているが、期限が迫ったコメは学校給食用に無償で提供されたり、災害時の保存食パックに加工される場合もある。

　飼料用米づくりは、まだ始まったばかり、ひょっとすると、日本の食料自給率向上の切り札になることも考えられる。だがこの政策を、減反を始めた1970年代からスタートさせていたならば、どうだっただろう。日本の畜産は、いまのようにアメリカのとうもろこしに依存する体質になっていただろうか。乳製品価格はどうなっただろう。また減反・転作の状況も大きく変わっていたことが考えられる。そうした発想が当時、出なかったことが悔やまれる。農水省に大きな責任があることはもちろんだが、農業の現場からもそうした声が聞こえなかったことは残念でたまらない。

クラーク博士のつぶやき

北海道ガーデン街道

早く訪れる冬に、遅い春、５か月以上も雪に覆われる北海道は、その分、春から秋にかけて野の花がいっせいに濃密に咲き乱れる。また美しい花を集めた庭園もある。こうした庭園８か所を結ぶ「北海道ガーデン街道」が、２００９年、十勝観光連盟などの提唱で結成された。

層雲峡温泉がある上川町を起点に旭川、富良野をへて帯広南部までの２５０キロ。大雪山系や十勝平野などの雄大な景色、北海道ならではの広大な畑の風景を堪能しながら、これらのポイントを巡る。女性客を中心に訪れる人が増えている。

８つの庭園は、上川町の大雪森のガーデン、旭川市の上野ファーム、富良野市の風のガーデン、十勝・清水町の十勝千年の森、帯広市の真鍋庭園と紫竹ガーデン、幕別町の十勝ヒルズ、中札内村の六花の森。

花は5月下旬から10月上旬が美しい。４つの庭園に入れる共通チケットもある。街道ぞいにはJR富良野線と根室線が走っている。天人峡温泉、十勝川温泉、幕別温泉などもある。

超強力小麦「ゆめちから」を開発

国産小麦だけでパン作り可能に　農研機構芽室研究拠点

おいしいコメ「ゆめぴりか」と並んで、おいしいパンができる小麦「ゆめちから」が北海道で開発され、栽培面積が増えていることはあまり知られていない。

小麦は日本の食料の中で重要な存在だ。２０１１年、１世帯あたりのパンの購入金額が、ついにコメの購入金額を上回った。総務省の調査だ。若い人を中心にコメをあまり食べなくなり、パンや麺類をよく食べるようになった。

昔は小麦は大麦とともに日本各地で栽培されていたが、コメ偏重の農業政策もあって、いつの間にかあまり栽培されなくなった。代わってアメリカから大量に輸入されているのが小麦。日本の港には受入れ用の巨大なサイロが立ち並び、臨海地区の製粉工場は大忙しだ。

日本の食料自給率は39％、この驚くべき低さが問題にされているが、なかでも２０１５年の小麦の自給率はなんと13・4％、つまり86％が輸入なのだ。そのうちパン用の小麦にいたってはわずかに３％に過ぎない。一時は１％だったときもあった。

小麦粉は、含まれるタンパク質（グルテン）の強さ・量によって３段階に分類される。薄力《はくりき》粉、中《ちゅう》

農研機構　芽室研究拠点

力《りき》粉、強力《きょうりき》粉だ。そしてパンを作るには強力粉が必要。この強力粉は日本では春まき小麦が適しているが、収量が秋まき小麦より少ないため農家はあまり作りたがらない。

そこで輸入小麦に頼るしかなかった。しかし1989年、輸入小麦から農薬が検出されたというニュースが報道され、安全性への関心が一気に高まった。

そのパンに利用できる国産小麦「ゆめちから」を開発したのが、農研機構・北海道農業研究センターの芽室《めむろ》研究拠点だ。9月のある日、帯広市の西隣、芽室町にある研究所を訪ねた。

農研機構は、正式には国立研究開発法人　農業・食品産業技術総合研究機構という長たらしい名称。以前は国立だった研究所などを全国14か所に持っている。そのひとつ北海道農業研究センターは、本所が札幌の羊ヶ丘にあるが、畑作向けに芽室研究拠点を置いている。隣に道総研（道立）の十勝農業試験場がある。

「ゆめちから」を開発したグループの3人、研究調整役の田引正さん、パン用小麦研究チームの八

左から長澤幸一さん、田引正さん、八田浩一さん

田浩一さん、長澤幸一さんに会って取材した。

Q：「ゆめちから」の優れている点を教えてください。

A：「ゆめちから」はグルテンというタンパク質の含有量が多いのです。強力粉よりさらにグルテンが強いので「超強力粉」という範疇の小麦粉になる硬質小麦です。これは北海道で初めての誕生です。これに中力粉を混ぜてパンを焼くと、よく膨らみ、もっちり、しっとりとした、おいしいパンができ上ります。そのパンは硬くなりにくい。たとえば北海道産の「きたほなみ」などの中力粉を混ぜると、以前はできなかった国産小麦だけのパンとなります。

Q：栽培しやすいですか。

A：病害に強いことも特徴のひとつです。とくに茎《くき》や葉が黄色くなり、縞《しま》状の斑点が出て収量が大きく落ちる「縞萎縮病」に強いのです。また「赤さび病」と「うどんこ病」に対して抵抗性が優れています。また穂が実ったときの倒れにくさ＝耐倒伏性も強いですから栽培しやすいのです。この小麦の穂は大麦に似ていて、ノゲと呼ばれる長い毛がたくさん上向きに突き出ています。

Q：寒い北海道に合った品種と言えるのですか。

A：「ゆめちから」は寒さに強いことも特徴です。本州では秋に種をまいて春に収穫します。しかし北海道では9月中旬から下旬に種をまき、越冬前には15センチぐらいに伸びます。積雪をへて雪解けの4月中旬に窒素肥料を追肥し、6月に穂が出て、むし暑くなる前の7月下旬に刈り取ります。小麦は乾燥地帯の作物ですので、北海道のほうが本州より栽培に適しているといえます。
収量は北海道で一番栽培面積が多い「きたほなみ」には及びませんが、春まきではなく、秋にまいて夏に収穫するので春まきに比べてかなりの収量を得ることができます。

　つまり作りやすい、収量もある、加工しやすい、おいしい、この4拍子がそろった小麦だといえます。

Q：開発にはどれくらいの歳月がかかったのですか。

A：13年間かかりました。開発にかかわったメンバーは合わせて10人です。日本のパンに必要な小麦を作ろうという一心で、1996年から研究に取り組み、2009年に北海道の優良品種として認定されました。

年間50通りも交配させ、開発途中だった「キタノカオリ」と、アメリカから導入した、加工適性に優れたものを親に用いた交配から4、5年かけて形質を安定させ、特性を評価して最終的に決定しました。「「ゆめちから」という名前が決まるまでは、「北海261号」という名前でした。それほど多くの交配と失敗を繰り返しての結果であることを理解していただきたいと思います。

Q：パンを作る際の中力粉とのブレンド割合は？

A：はい、日本パン技術研究所による近年の試験結果では、「ゆめちから」100％では生地が強すぎていいパンがつくれません。しかし「ゆめちから」50％、中力粉の「きたほなみ」50％と、「ゆめちから」75％、「きたほなみ」25％でブレンドしたものが、強さ・伸びやすさのバランスに優れた生地となり、よく膨らんだパンとなりました。ブレンド比率や製法を変えることで、さまざまなパンが作れます。また同じように準強力粉が使われている中華麺でも、食感に優れたものが作れることがわかっています。

画期的な「ゆめちから」を開発したことで、開発グループは2014年3月、「日本育種学会賞」を受賞した。小麦は主要農産物種子法に指定されている重要な作物。だからこの受賞は非常に名誉なことだ。

小麦粉の用途		
超強力粉	中力粉と合わせてパン、中華麺、生パスタ	ゆめちから
強力粉	食パン	カナダ産ウエスタン・レッドスプリング
準強力粉	中華麺、ギョウザの皮	豪州産プライムハード
中力粉	うどん、即席麺、ビスケット、和菓子	国内産、豪州産スタンダードホワイト
薄力粉	カステラ、ケーキ、和菓子、天ぷら粉、ビスケット	米国産ウエスタンホワイト
デュラム・セモリナ	マカロニ、スパゲッティ	カナダ産デュラム

実は「ゆめちから」の開発を支えた製パン会社があった。名古屋の「敷島製パン」、通称Ｐａｓｃｏだ。開発した品種がパンに適しているかどうかのテストに協力した。この会社は「事業は社会に貢献するところがあれば発展する」という創業者の考えにもとづいて、日本のパンの自給率を向上させようとしている。

まず２０１２年に「ゆめちから入りパン」を期間限定で発売し、15年夏からは国産小麦１００％の食パン「超熟国産小麦」を発売。このパンは徹底していて、「ゆめちから」「きたほなみ」とともに、砂糖、バター、もち米も全部国産を使用。また「ゆめちから」の栽培研究をする高校を募集して、研究成果を発表させている。

さて、農水省の調べでは、日本人１人あたりの小麦消費量は年間31〜33キログラム。２０１５年度の日本全体の需要は５７１万トン、これに対して国内生産はわずか80万トン、足りない分４９０万トンは、アメリカ、カナダ、オーストラリアから輸入している。

作付面積からみた北海道での小麦栽培の推移	
△秋まき小麦	
1997年ごろまでの主流	チホクコムギ
2009年ごろまでの主流	ホクシン
現在の主流	きたほなみ
△春まき小麦	
2002年ごろまでの主流	ハルユタカ、はるきらり
現在の主流	春よ恋

しかも小麦の価格は世界的に上昇を続けている。輸入小麦からは心配されている残留農薬は検出されていないが、アメリカ、カナダなどと日本とは食品衛生法による基準が異なる。できれば国民が口にするものは国産が望ましいことは言うまでもない。

では北海道での小麦生産はどうか。北海道は日本の小麦の実に60～70％を生産している。新品種「ゆめちから」の登場に刺激されて栽培面積は増えている。しかし収量が多い「きたほなみ」がまだ圧倒的に多い。市場での取り引き価格をみると、「きたほなみ」は1トン4万5000円に対し、「ゆめちから」は1トン8万3000円のときがあった。補助金や戸別補償制度もあって、どちらが農家にとって有利かは一概には言えない。

同じくパン用にもなる春まき小麦と比べると収量は1・5倍だが、肥料を多くやらなければならない、「きたほなみ」とは別のコンバインが必要、栽培技術がまだ普及していないなどの課題もある。だが「ゆめちから」は、次第に農家にとって魅力的な品種になりつつある。北海道農業の期待の星「ゆめちから」は、日本の農業を変えていくかもしれない。

「ホクレン」

「ホクレン」を知らない人はまずいない。正式名は「ホクレン農業協同組合連合会」、北海道の経済農協連だが、事実上の巨大商社と言える。名前の中に「レン」が2つも入っているのは、大正8年（1919年）に設立されたときの名前が「保証責任北海道信用販売購買組合聯合会」だったことに由来する。これは「北聯」と略称されたため、昭和34年（1959年）にいまの名前になったとき、それをカタカナにして残した。

最大の特徴は経済農協連の全国組織である「全農」には入っていないことだ。農産物の集荷、加工、流通、販売、農家への燃料、機械、肥料、農薬、飼料の販売、技術情報を提供し、2014年の取扱高は1兆4797億円。経常利益60億円。よつ葉乳業など31の子会社も入れると売り上げは約2兆円になる。これに対して東京に本部がある全農は、取扱高4兆8583億円、経常利益は89億円。

札幌にある本部も、北海道農協中央会、信連、共済連、厚生連が入る北農ビルとは別の立派な独立ビル。職員1900人。ホクレンは北海道農業の実力を示すシンボルだ。

自立経営で「ゆめちから」160ヘクタール

常識覆す小麦の連作　栗山町・勝部農場

「東洋の小麦王」と呼ばれる人が道央栗山《くりやま》町にいる。「ゆめちから」を大規模に作っている、と聞いて出かけた。栗山町の最南端、空知平野の一番東、間違って夕張市に登って行きそうになり国道をあわてて引き返す。大農場は、夕張川と夕張山地にはさまれた、そう広くはない土地にあった。

農協の施設が並んでいると思った所が「勝部《かつべ》農場」だった。小麦乾燥施設と倉庫の反対側に立派な石碑が並んでいる。数えると8基。この中の「百姓の塔」には「麦を作れば麦になりきれ、米を作れば米になりきれ」とある。亡くなった父親の勝部徳太郎さんが生前に建てたものだ。

畑の区画を広げる作業に行っていたため少し遅れて現れた勝部征矢《ゆきや》さん（77）、身体の大きな人だ。いきなり怒られた。「この忙しいときに来てほしくなかった。某新聞社は雨の日に来ると言っている」。まさにそうだが、こちらにも都合が……。ことばは激しいが目は笑ってる。憎めない。

滋賀県から入植した父親は、最初の畑は2・5ヘクタールだった。それが次第に広がり、アメリカの雑誌「タイム」が取材に来て東洋の小麦王と名付けた。

二代目の征矢さんがさらに広げて、いまや畑は168ヘクタール。そして栽培している全部が北海道の新品種小麦「ゆめちから」だ。年間生産量は105 0トン、売上額1億8000万円。東洋の小麦王の名は征矢さんも受け継いでいる。しかもこの広い面積を、征矢さん、長男の佳文《よしふみ》さん（50）と従業員の3人だけで栽培している。

以前、栽培していた小麦は「ホクシン」だった。201 0年、十勝芽室の農研機構から「ゆめちから」の試験栽培を頼まれ20アールにまいてみた。そして受け取った小麦を製粉して後志《しりべし》のルスツリゾートの食堂でパンにしてもらった。オーストラリアから長期滞在のスキー客が来る。食べてもらったところ、たいへん評判がいい。「これで行こう」と決心した。

勝部征矢さん

翌年、面積を10ヘクタールにし、次の年は28ヘクタールと拡大して、2013年には全部を「ゆめちから」にした。15年の小麦の収穫は7月25日から4日間で終えた。でき具合は十勝は大豊作、ここは豊作だという。そして私が訪れた9月中旬はちょうど種まきの時期だった。いや、すみません。本当に悪いことをした。畑は土を起こして準備段階だった。

普通の農家は収穫した小麦を農協の乾燥施設に運び込み、あとは農協まかせ。だが勝部さんは農協には持ち込まない。自分の乾燥工場で乾燥させたあと6か月間、熟成させてからゆっくり出荷する。出荷先はほとんどが札幌近郊の江別製粉。北海道で一番大きな小麦粉会社だ。近くの農協に小麦を持ち込んだ場合、入庫料、保管料、出庫料を取られたうえ、販売対策費まで払わなければならない。札幌の民間倉庫より高いと、勝部さん。

こうした考えから、勝部さんは乾燥保存施設だけでなく農機具など、すべて農協に頼らず自費で建設し購入してきた。販売も自分でやり小麦を有利な価格で売って、そのカネで施設・機材を拡充してきた。このやり方は父親ゆずり。勝部さんが高校を卒業する前年、父親は北海道にはまだほとんどない大型のコンバインを導入している。家が4軒建つ投資だった。

父親が建てた石碑の一つ

現在、勝部農場は北海道には数少ない巨大ハーベスター、New Holland CR8070を3台も持っている。1台6000万円。それも補助金なしで購入している。自走式スプレーヤーもある。小麦の収穫は時間との

巨大農具の一つ

勝負、収穫期にはアルバイトも雇い10人がかりで24時間で全部の収穫を終えることもある早業。一見、過剰ともいえる設備だが、こうした機械力を駆使することによって、少人数でも適期をとらえて大規模農業をこなしている。いわば独立自尊の精神だ。

勝部農場のもうひとつの特徴は、小麦を同じ土地で連作していることだ。それが50年以上も続いている。普通の農家は小麦にしろ、ほかの作物にしろ、同じ畑では栽培せずに輪作をする。たとえば、秋まき小麦のあとはじゃがいも、次の年はビート（てんさい）、次に豆類と栽培して、4年目にようやく小麦に戻るという輪作サイクル。同じ土地で小麦ばかりを作り続けると連作障害が起きるとされているための工夫だ。これに対して勝部農場ではずっと連作を続けているのに障害は起きていない。

勝部さんは言う。「人の一生の間に1、2回でいいから、畑を50センチから80センチの深さまで耕すことだ。水の浸透性が高くなり、土の中の空気と水分がうまく混ざる。こうして土の中のよい微生物を少しだけ助けてやることで麦を作れる。ヨーロッパでは何の問題もなく同じ畑で麦を作り続けている。世界中で麦の連作をしないのは日本だけだ」

山に近いこのあたりは、もともとは畑地帯だったが、50年前にはほとんど水田に変わった。それがまた小麦を栽培する畑に変わってきている。小麦だけを作っているので、ほかの農家のように作物ごとに違う農機具も必要がなく種類が少なくてすむ。

10アールあたりの小麦の収穫量は約700キロ。これは北海道の平均収量の1・6倍、本州方面と比べると2・2倍にあたる驚異的な数字だ。やはり何か秘訣があるのか。

聞いてみると、長年の経験にもとづく適期をとらえた技術があるようだ。まず畑の排水性を高めること、種まきの前にできるだけ深く耕すことに加えて、麦わらを細かく裁断して鶏ふん、土壌改良剤と一緒にすき込む。これが土の中で発酵し、麦にとって栄養となる。そして春のいい時期に追肥を施すことらしい。多分、勝部さん自身がすでに「麦になりきっている」のだ。

勝部さんの話はいつも農政批判に傾いていく。

「道産春まき小麦のハルユタカが長雨で穂から発芽し2年続けて収穫皆無になった。それで道の石狩支庁に招かれた講演会で農家の人に慰めのことばをかけたら、農業共済金がもらえるので影響はありません、という答えだった。パン用小麦が手に入らなくて困っているパン屋が多いのに、そんな受け止め方だ。農業経営ができない人でも農業をやっていける。そんな農政は日本だけだ。小麦など農産物は安定供給、安定品質、そして価格が安いほうがいいに決まっているが、私がテレビ出演で、安い価格で供給できるようにすべきだ、と言ったら、農家のくせに安いほうがいいとは何事だ、と抗議の電話が鳴りっぱなしだった。安くないとパン屋さんから北海道の小麦を買ってもらえないことがわかっていない」。

応接間の壁に「これでも喰える不思議な農政」というポスターが貼ってあった。左に病気にかかった小麦畑、右に健全な小麦畑の写真。麦畑はどちらかという問いと、どちらも麦畑だという答えがあって、左の畑は「水田活用の直接支払い交付金」をもらっている、という注釈が。勝部農場には農水省の幹部も視察に来ているようだ。ノートに偉い人の名刺が沢山並んでいた。

帰りがけに勝部さんが言った。「来年は世界一のコンバインが入る。New Holland CR1090というタイプで、650馬力、幅11メートル、1時間に98トン刈り取るんだ」いくらするんですか。「ざっと1億1600万円」、楽しそうに語る勝部さんの表情は若者そのものだった。

クラーク博士のつぶやき

牛乳の大動脈 ほくれん丸

釧路港の西港第２ふ頭、毎日決まって午後２時に着く大型船がある。その名は「ほくれん丸」、または「第二ほくれん丸」。ともに長さ１７３メートル、１万３９５０トン、２００６年に就航した川崎近海汽船のＲＯ—ＲＯ船だ。

接岸すると、待ち構えていた運転トラクターが乗り込み、積まれていた荷台を引いて出てくる。入れ替わりに荷物を満載した荷台が次々に船に運び込まれる。

こうして最大で１３０台の荷台を飲み込んだ船は４時間後の夕方６時、釧路を出港し、最高25・５ノットの高速で翌日午後２時には１０００キロ近くに離れた茨城県の日立港に入る。そして夕方６時にまた釧路に向かう。荷台に載せられた牛乳などの冷蔵や冷凍は心配ない。船に電源コンセントがあるからだ。こうした繰り返しをしているのがこの２隻。土曜日曜祭日も関係なく毎日１便の運航が守られている。

ほくれん丸という船名がつけられているのは、この船の大荷主がホクレンだからだ。北海道の牛乳を生で首都圏に送り込もうというホクレンの依頼で１９９３年７月、最初のほくれん丸を建造し釧路—日立間に就航させる。97年に第２船が就航して隔日運航が毎日運航となり、さらに２００６年に今の大型船２隻体制になった。

いまやこの航路は北海道東部の農産品を新鮮なまま首都圏に届ける一大ルートになっている。

地域が育てる新しい生パスタ用小麦
留萌の「ルルロッソ」は「ゆめちから」の兄弟

日本海に沈む真っ赤な夕日、その夕日にちなんで「ルルロッソ」という名前をつけられた小麦がある。この「ルルロッソ」は、「ゆめちから」の兄弟小麦、北海道北西部、日本海に面した留萌《るもい》地方で活躍を始めている。

私の名は「ルルロッソ」、元の名は北海259号です。十勝の農研機構芽室研究拠点で生まれました。父母が「ゆめちから」と同じで、本当の兄弟です。同じ兄弟でも私は病気に弱く収量も少ないと言われて駄目印を押されていました。名誉を回復してくれたのが「JA南るもい」に事務局を置く「留萌・麦で地域をチェンジする会」の人たちです。

この地方は稲作が盛ん、だが転作もしなければならない。転作作物には小麦がいいが、道庁が呼びかけている小麦は、うどんなど日本麺向けで、十勝やオホーツクで大量栽培している。どうせ作るならば、日本の気候では栽培が難しいとされているパスタ向けのデュラム小麦のような品種はどうか。2009年、留萌地区の北海道の行政機関、留萌振興局での打ち合わせ試食会で、製粉会社からの提案が受け入れられた。大産地ではできない地域独自の希少品種を作ろうということになった。

実は、私、北海２５９号は誕生したあと、札幌近郊の江別製粉の農場でひっそり試験栽培されていたのです。江別製粉のおじさんが私は将来、ものになると見込んで芽室から種子をもらい栽培を続けてくれていました。えっ、デュラム小麦を知らない？　デュラム小麦はマカロニコムギとも呼ばれ、乾燥高温の地中海、北アフリカ、中央アジア、カナダなどで栽培されているんです。湿度の高い日本、とくに本州では栽培が難しいから作られていません。粉を作るときは「セモリナ」という黄色く粗い粒にされるんですよ。

２００９年に超硬質小麦の「ゆめちから」が北海道の優良品種になったが、留萌地区はあえて別の品種、それも一番難しく、成功すれば意味が大きいデュラム小麦そっくり品種の北海２５９号を選ぶことになった。

２０１１年３月、会が発足した。ＪＡ南るもい、若手の生産者、江別製粉、フタバ製麺、カフェのルアウという1次、２次、３次産業、それに酪農学園大学の義平大樹教授がご意見番、道の留萌振興局がまとめ役になった。

留萌は幹線からはずれた地域だけにまとまりがいい。課題が困難なほど知恵が集まる。振興局での試食会に参加していた留萌市の北隣、小平《おびら》町の農家、林寛治さん（46）は、一足早く２００９年秋から０・５ヘクタールで北海２５９号の栽培を始めていた。種子は農研機構と江別製粉から取り寄せた。次の年は６・７ヘクタール、次は９・６、25・２と拡大していって、２０１４年の秋まき翌年７月の

ルルロッソの乾麺

収穫は、小平町を中心に27・7ヘクタールに広がり収穫量は110トンになった。

十勝は内陸部で寒すぎたのです。でも小平や留萌は雪が多いだけで、雪はむしろ掛けぶとんになりました。海が近いので暖かく、私は伸び伸びと育ちました。病気にもかかっていないのです。くきが太く背が低いので潮風にも負けません。収穫した私を見たことがありますか。穂の形は「ゆめちから」に似てますが、全体的に赤茶色なんです。そうです。留萌の名所、黄金岬に沈む夕日の赤を思わせる色だといわれました。

それで名前がつきました。留萌はアイヌ語で「ルルモッペ」と呼ばれていました。そして赤はイタリア語で「ロッソ」、この2つを合成して「ルルロッソ」。どうです、いい名前でしょう。名付け親は会長のフタバ製麺の仲田隆彦社長です。私はもう「落ちこぼれ」ではないのです。

こうして収穫した超硬質小麦「ルルロッソ」は、タンパク質の含有量が12〜13%。これに卵を混ぜミキサーでよくこね、2ミリまで薄く伸ばして遠赤外線で殺菌する。できあがった生パスタは、思った以上にコシがあり、ゆであがってからの伸びが遅く、小麦本来の香りが強く、コチコチした独特の食感があった。つまりパスタとして合格という評価になった。

仲田尊美さん（左）、隆彦さんの親子

「ルルロッソ」パスタ開発の中心になった留萌のフタバ製麺を訪れ、社長の仲田隆彦さん（52）と、父親で創業者・会長の尊美《たかみ》さん（85）に会った。

尊美さんは20年ほど前、イタリアに行ったとき、パスタ料理を食べて考えた。全体としてはおいしい。だがソースはいろいろ工夫されていても、麺そのものはそれほどではない。日本人はうどんにしろ、ラーメンにしろ、麺の味にこだわりがある。そうだ、日本人向けのパスタを作ろう。帰国して以来ずっと模索を続けてきた。

そこに麦チェン会が発足した。届けられた「ルルロッソ」の小麦粉。麺づくり歴50年を超える尊美さんも加わってパスタづくりに取り組んだ。あれやこれや試行錯誤した末に、作り上げたものは、歯ごたえがありコシが強くモチモチ感にあふれていた。「できた！」これはイタリアにはないものだ。ちょっと値段は高いが、これ以上のパスタはできないなと話し合ったという。

仲田親子はとても仲がいい。「既成概念にとらわれず、柔軟で独創的な発想」、できるだけ地元産の原料、これをモットーに親子で次々に手延べそうめんなどアイディア製品を生み出してきた。道内の多くの企業などから、これで麺を作ってくれないかという依頼がよく入る。それを全部引き受けて試験加工をしてきた。

ルルロッソの生パスタや乾麺が発売された。ルルロッソが入った小麦粉も発売された。手作りパンにいいと評判だ。ルルロッソパスタ用のソースもレストランから発売。ルルロッソのパンも。

小平町のルルロッソの畑（留萌振興局ＨＰより）

なかでも生パスタは北海道を代表する食品として、「北のハイグレード食品」に選ばれた。袋詰めの小麦粉はインターネットでかなり高い値段で売られるようになった。首都圏のレストランやホテルでも使い始めた。留萌の地域一丸の取り組みが成果をあげつつある。

北海道で生まれた超硬質小麦「ゆめちから」の兄弟、「ルルロッソ」は、日本海側の留萌の人たちに愛されて大活躍の場を得ている。

クラーク博士のつぶやき

よつ葉乳業

農協が作った牛乳会社。のちに全農会長になる当時の士幌町農協組合長、太田寛一が、1966年、ヨーロッパを見てきて、明治、森永、雪印の乳業メーカーに対抗する農民自身の牛乳会社の設立を提案。翌年、十勝の8農協が資金を出し合って北海道協同乳業会社を設立し、帯広郊外の音更《おとふけ》町に牛乳工場が建設された。そして69年から市乳工場が操業開始。成分無調整の「よつ葉3・4牛乳」は、成分調整なしの脂肪分3・4％、たちまち人気を得た。

現在はホクレン傘下の「よつ葉乳業」に社名を変更。音更の十勝主管工場、根釧（釧路）、北見、宗谷の道内4工場と東京工場を置く。本社は札幌、売上高977億円、従業員791人。各種の衛生基準の認証を取得し、牛乳の殺菌は120度2秒と他社より温度を低くしている。生協向けはさらに低く72度15秒。

十勝主管工場のホームページには「バーチャル工場見学」もある。

牛乳のトレサビリティを確立

北海道酪農を引っ張る　浜中町農協石橋榮紀組合長

日本で一番品質のいい牛乳を生産している町、おそらくそれは浜中町《はまなかちょう》だ。北海道東部の太平洋岸、霧多布《きりたっぷ》という地名の方がよく知られる。霧がかかることが本当に多い。霧多布湿原はラムサール条約でも保護されている。本土と橋で結ばれている島の霧多布に町役場と漁協があって漁業が盛ん。そこから湿原をへだてた内陸部のＪＲ花咲線茶内《ちゃない》駅の近くに浜中町農協はある。組合員は１８３戸で小さい。

石橋榮紀《しげのり》組合長（75）を訪ねた。「浜中町の牛乳は日本で、いや世界で一番の品質だとは思いますが、ずば抜けているわけではありません。一時は確かにそうだったのですが、いまでは北海道のほかの農協も品質が向上し追いついてきて、差は小さくなっています」と語る。

北緯43度にある浜中町は、人口７０００人、乳牛2万３３００頭、夏でも摂氏25度を超える日は数日しかない。1年の半分以上が霧に包まれる冷涼な気候、そこにミルクのような海霧が押し寄せ、牛たちが食べる草にミネラル分を与えて、イネ科牧草の中でもっとも香りがいいとされる「チモシー」のアッケシ、キリタップなどの品種を引き立たせる。土壌は、ほぼ火山灰地のため通気性、透水性に優れ、歳月をかけた改良で牛の胃にやさしい牧草となる。北欧原産の乳牛、ホルスタインには最適の環境だ。

石橋さん自身も酪農家。若いころ親から東京に出してもらって千葉工大で学んだ。帰って家業を引き継いだとき、そこで学んだ「ＱＣ＝品質管理」の手法が役に立った。32歳で農協の理事に選ばれた。

石橋榮紀組合長

そのころアメリカ酪農の研修をして帰ってきた若者から、アメリカでは生乳などの成分検査をしていると聞き、浜中町農協でも、生乳、牧草、土壌の分析センターを持つべきだと提言。「そんなものは必要ない」と道の農協中央会に一蹴されていたが、専務理事になってからの１９８１年に現在の「酪農技術センター」が実現する。農水省からの補助金がついたのだ。北海道庁への交渉を重ねた結果だった。これで牛乳のトレサビリティへの道がついた。このような分析施設は当時、ホクレンや十勝農協連にしかなかった。

その酪農技術センターを見せてもらった。心臓部にあたる検査室を改装したばかりだった。５人の技師が分析に余念がない。生乳は牧場単位で1日おきに持ち込まれる。1頭ごとの成分が毎月1回分析され乳量も記録されている。お産や発情、人口授精、病気、気温との関係なども全部わかる。牛乳だけでない。牛が食べている飼料、草地の土壌も分析される。これが重要な意味を持っている。もちろんデータは各農家に届けられ、日々の作業改善につながっていく。

「忘れもしません」と石橋組合長。ニューヨークの世界貿易センターがテロ攻撃された2001年9月11日の前日の10日、日本でもBSE＝牛脳海綿症が発生した。千葉などで13頭もがBSEになり、肉牛だけでなく牛乳業界もパニック状態になった。イギリスから輸入した飼料の中に、BSEに感染した牛の肉骨粉が含まれていたのだ。「この牛乳をしぼった牛にはどんなものを食べさせているのか、それを知りたい」。消費者や乳業メーカーの問い合わせに慌てることなく答えられたのは浜中町農協だけだった。

「人の口に入れるものだけに安全性を保つことは、もっとも重要です。この検査・記録システムは農家にとって若干の負担金となりますが、その代わりに浜中の牛乳は安心できると消費者にアピールできます」

こうした地道な努力がさらに実を結ぶ時がやってきた。1984年、ハーゲンダッツのアイスクリームの原料に選ばれたのだ。その2年前、サントリーがこのアイスクリームをアメリカから輸入したい、できれば日本で生産したいと、乳業各社に話を持ち掛けたが、条件が厳しすぎて話がまとまら

乳汁中の平均体細胞の数（×1000個／ml）				
酪農雑誌　デイリージャパン2014年１月号から				
アメリカ	ニュージーランド	日本（都府県）	北海道	浜中町
200	232	265	218	194

なかった。

ハーゲンダッツという名前はドイツの会社のように聞こえるが、ニューヨークに住むユダヤ人の創業者が１９２０年代から作りはじめた商品。これを１９８３年にピルズベリーという大手製粉会社が買収した。この会社は品質にうるさく、当時の日本の牛乳のレベルではハーゲンダッツは作れないという判断になりかけたときにタカナシ（高梨）乳業が大丈夫だと手を挙げた。横浜に本社があるタカナシ乳業はいまでこそ大手３社に次ぐ準大手の存在になっているが、当時は全国で80番台の小さな規模だった。だがタカナシには勝算があった。

タカナシ乳業は、浜中町農協のすぐ近くにある旧雪印の茶内工場を１９８２年に買収して北海道工場とし、浜中の牛乳が優れた品質であるのを知っていた。経営者はもともと酪農家だったから、牛乳の品質を見る目があった。ピルズベリー社が日本で品質のいい牛乳を調べると、浜中の牛乳が一番優れていることが判明、これで日本進出が決まった。

オランダのハーゲンダッツ社50％、サントリーホールディングス40％、タカナシ乳業10％で、「ハーゲンダッツ・ジャパン社」が設立された。タカナシ乳業はこの会社からの受託で、１９８４年から高崎にある群馬工場でアイスクリームの生産を始める。

脂肪分4.0% の牛乳

浜中の牛乳は全量がタカナシに出荷され、工場で調整のあと保冷ローリーで釧路港からほくれん丸に載せられて高崎に運ばれるようになった。十勝のよつ葉乳業の生乳も同じルートで高崎に運ばれているが、浜中が70％を占めている。

ハーゲンダッツはアメリカ、フランス、日本の世界3か所でアイスクリームを作っているが、日本の味が一番だと関係者は口をそろえる。

タカナシは、これとともに乳脂肪4・0％のプレミアム牛乳を浜中の工場で作りはじめ、これを釧路空港から全日空の貨物便で毎日、首都圏に空輸し話題となった。脂肪分3・4％の牛乳がおいしいとされていた時代だった。1000ミリリットル紙パックで350円する高級牛乳が飛ぶように売れた。この牛乳はいまも発売されていて、料理に使う洋食のシェフも多い。風味がいいという。

このときも浜中町農協の酪農技術センターのデータが役に立った。タカナシの当時の社長は浜中を訪れると、自社の工場より先に酪農技術センターを訪れデータに目をこらした。目に留まったのは、所々にある脂肪分4・0%を超える生乳。これを集めて脂肪分の高い牛乳を作れないかとひらめいた。だが4・0%超だけを別に集めるにはどうすればいいのか。4・0%生乳をしぼり出していて、互いに近い3軒の農家に対して、浜中町農協はもうひとつ別のクーラーを設置するよう頼み込み、農協が集荷ローリー1台を増やすことでタカナシの要請に応える。タカナシはこれを小型のタンクに受け入れて4・0%牛乳が完成。タカナシのその後の躍進は浜中が原点だった。

いまは7軒が4・0%牛乳用の生乳を出荷している。町内182軒の酪農家の中でたった7軒である。この7軒は栄養価の高い干し草を牛に多く与えることに力を注いでいる。そのために牧草地の土壌の成分分析をアメリカの会社に依頼し、その結果にもとづいて必要な成分を増やした肥料を牧草地にまいて土づくり、草づくりを進めているという。

もうひとつ、カルピスも浜中の牛乳を使って、「カルピス北海道」というギフト用の商品を作っている。すべて浜中の牛乳の品質の良さを証明する話だ。

では、浜中の生乳はどれだけ優秀なのか。乳の中の体細胞の数がどれくらいあるかが乳質を評価するときの指標のひとつだ。

体細胞の数は乳牛が乳房炎にかかったときに上昇する。乳房炎は乳頭の先から細菌が乳房内に侵入することにより起き、侵入した細菌を駆逐した白血球の死骸や乳頭の中の乳腺細胞が乳の中にはがれ落ちたもの。

もうひとつの指標、生菌（細菌）の数は、ヨーグルトに必要な乳酸菌など人にとっての有用菌もあってゼロでは駄目。東京都は１００万個に緩和したが、北海道ではだいたい30万個、それが浜中は7〜8万個という水準だ。

「昭和の終わりごろから平成のはじめは、浜中の乳質が群を抜いていたが、北海道各地が追いついてきて日本全体の質を引き上げた。ニュージーランドと比較すると日本が2倍以上優れている。アメリカも日本の60点ぐらいだ。とにかく日本が世界一」と、石橋組合長。

そして自身の酪農哲学について語る。

牛乳の味はそこの風土の味だ。フランス・ワインでは「テロワールがある」と言われると、よくその土地の風味を生かしているというほめ言葉になる。そういう意味で浜中の海霧に感謝しなければならない。そして日本人はホルスタインの牛乳の味に慣れている。スイスに行ったとき赤毛牛のブラウンスイスの牛乳を飲んだが、けもの臭いと感じた。

酪農は「天地循環の法則」に従って得られる農業だ。牛が草を食べる、そのふん尿をたい肥にして土地にまく、草が育つ、それをまた牛が食べるというように循環している。これに対して他の農業は大地から収奪する一方だ。ＴＰＰ体制になると酪農もコストをさらに下げる必要があるが、飼料用とうもろこしの栽培などはほぼ限界だ。やはりある程度の輸入飼料は必要だ。いずれにしても消費者が許容できる価格の範囲でやっていかねばならない。

コメを牛に食べさせる「飼料米」の発想は素晴らしい。でももっと早くこれに着目していたならば、コメ作りも酪農も、いまとは少し形が違っていたかもしれない。残念なことだ。

牧草地は放っておくと酸性土壌になって牧草がおいしくなくなる。このため浜中では収益を土地に還元しようと、ホタテの貝殻を粉にした石灰を農協が購入して組合員に渡し、これをまいて牧草地を改良している。

また停電しても乳を搾れるようにと、太陽光発電を推進している。1戸あたり10キロワットの発電施設を国の補助金をもらって135戸に設置した。7年で元がとれ、25年間は持つ。

石橋榮紀さんの夢はつきない。牛のふん尿はタンクに貯めて秋にまいているが、バイオガスを発生させ濃度を高めることでトラクターの燃料にすることだ。これはそう遠くない時期に実現しそうだ。

浜中町では本州などから移住してきた新規就農者が多い。これまでに34戸が就農し組合員の2割に達している。こうした人たちに早く酪農の技術を習得してもらうために1991年、町と農協で研修農場を設立した。このときも道は農場の建物のための農地転用をなかなか許可しなかった。許可の連絡が入ったのは起工式の2分前だったという。前例など関係なく信じる道を歩む石橋榮紀組合長、道やホクレンなどにとって煙たい存在になっていると感じた。

最後に農協の前にある「コープはまなか」で、「タカナシ北海道特選4・0牛乳」を買って飲んだ。税込み354円、北海道ではここでしか売っていない。自民党の小泉進次郎氏もわざわざここまでこの牛乳を飲みに来たとか。こってりして実にうまかった。

市販の牛乳はどれを飲んでもほぼ同じだが、微妙な差がある。まずほとんどは「生乳100%使用・成分無調整」。生乳をそのまま使い成分をそのままにしているので、冬は脂肪分がやや高くなるが、牛が青い草を食べる夏は逆にやや低くなる。また生乳をかきまぜて脂肪分を均一化させる「ホモジナイズ」しているのが普通。だいたい無脂乳固形分8・3%以上、乳脂肪分3・5%以上で規格を下回るものはない。しかしここがポイント。この数字が高い牛乳はおいしい。次に大事なのが生乳の殺菌方法。大手乳業メーカーは超高温瞬間殺菌、摂氏120度~135度で1秒~3秒。手間がかからず賞味期間は冷蔵庫で10日程度OK。

これに対して低温保持殺菌は63度で30分間、高温短時間殺菌は72~78度で15秒、これらは、「パスチャライズド牛乳」とも呼ばれ、4~6日間しか持たないが、牛乳本来の風味が保たれる。生協やあまり大量に作らないメーカーが採用している。**低温殺菌牛乳**を売り物にしているのが、北海道ではタカナシ乳業、函館牛乳、まちむら農場、十勝しんむら牧場、中札内の想いやり生乳など。

このほか細菌数が少ない特別牛乳、3か月持つとされるロングライフ牛乳、低脂肪牛乳、加工乳、乳飲料など、多くの種類がある。

クラーク博士のつぶやき

防風林

北海道の雄大な景色の大きな要素のひとつが防風林。十勝や空知に多く見られるが、もっとも規模が大きいのが根釧台地の格子状防風林。２００１年に北海道遺産に指定された。最大幅１８０メートル、総延長が６４８キロもあるカラマツ林は、中標津、別海、標津、標茶の4町にまたがり、1辺が3キロの緑の格子は、スペースシャトルからも見えるという。

明治の開拓使、黒田清隆に熱望され米国農務局長を辞めて北海道にやってきたホーレス・ケプロンがたてた大胆なアメリカ式農業のひとつでもある。開拓時代から昭和初期にかけて原生林を切り開いて原野を開墾した後に作られた。カラマツ、トドマツ、アカエゾマツが多いが、岩見沢では柳、長沼ではドロノキ、美唄ではヤチダモが見られる。幅が広い幹線防風林と斜めが多い川の周りの河畔林は国、道、市町村が管理し、細い支線は農家が受け持つ。

北海道林業試験場によると、防風林の木の高さの約20倍の距離まで防風・防雪の効果があるという。すぐそばは日陰になるが、風速をやわらげ地温を上昇させ、畑の土が飛散したり倒れたりするのを防ぐ。シカやキツネなどの野生動物の移動経路になるほか、鳥や昆虫などの生息空間＝ビオトープの役割も果たしている。

敗戦後、防風林が伐採された地区もあったが、２００２年6月9日から10日にかけての強風で、十勝では芽が出たばかりの小豆が根こそぎ吹き飛ばされ、種まきからやり直したことがあった。防風林がないか、薄い所の被害が大きかったという。

雑草の多い牧草地改良へ

農協と種苗会社が提携　道東・標茶町「ＴＡＣＳしべちゃ」

どこまでも広がる牧草地、北海道的な気持ちのいい風景だが、専門家が中に足を踏み入れて詳しく観察すると、雑草のほうが多い牧草地が目立つという。雑草は繁殖力が強く本来の牧草を圧倒していく。雑草が多いとそれだけ本来植えた牧草が少なくなるばかりか、有害な雑草が多いと、牛が草を食べたがらなくなるという。だが酪農家は牧草地が雑草に侵されていることに、これまであまり神経を使ってこなかった。

それほど大切な牧草地を町ぐるみで改良しようと、道東の標茶《しべちゃ》町と農協は、牧草の権威、雪印種苗と組んで農業生産法人の会社を設立し、草地改良に取り組み始めた。標茶町は畑がほとんどなく、酪農の町と言ってもいい。雪印種苗は牧草の研究80年の歴史を持つ。

その会社に行ってみた。標茶町の中心部から西へ10キロ、戦後開拓の雰囲気がまだ残る高原の酪農地帯。２０１４年3月に閉校した、もとの中御卒別（なかおそつべつ）小学校の校舎が会社の事務所、そばの教員住宅が社員の宿舎になっていた。

取締役で場長の龍前《りゅうまえ》直紀《なおき》さん（50）が現れた。龍前さんは雪印種苗で26年間、牧草の研究をしてき

事務所は閉校した小学校

たが、乞われてここの責任者になった人だ。

会社の名前は「ＴＡＣＳしべちゃ」、資本金９５００万円、「ＪＡしべちゃ」が51％、雪印種苗39％、標茶町９・９％の資本構成。社名はこれら3者の頭文字をとってつけられた。

会社の目的は、自給飼料を中心とした草地型酪農によって低コスト経営を実現し、その営農技術を組合員に普及させるというもの。そのためのモデル牧場がこの場所に建設され２０１５年3月にオープンした。平均的な牧場の3倍の規模で、成牛２５０頭、育成牛80頭を飼い、牧草地２５０ヘクタールとデントコーン畑40ヘクタールを持つ。また酪農家を目指す５人の研修を受け持つ。

オーチャードグラス

まず牧草地の改良について話を聞いて驚いた。

このあたりの牧草地はイネ科のチモシーが40％程度あるが、そのほかは栄養価のない雑草だという。シバムギなどの雑草が地下に根を広げてチモシーを衰退させる。10年ほど前から増えてきた。これらの雑草によって一見きれいな牧草地に見えるが、収穫してサイレージにしても品質が悪く牛が食べなくなることが多い。

またチモシーは栄養価が高く寒さには強いが、再生力が弱く夏の暑さや干ばつに弱い。このため同じイネ科のペレニアルライグラスという草に変えることを勧めている。この草のいいところは早く育つことで、雑草の成長を抑えることができる。糖度が高いので牛が好んで食べるという。

よい牧草を沢山収穫することは、牛の能力を高め、高い輸入濃厚飼料を減らすことにもつながるので酪農家にとって牧草地は大切だ。このため肥料をまき、草の成長に期待をかけているが、いつの間にか雑草が増えてくる。広い牧草地で雑草を1本ずつ抜き取るわけにもいかない。このため数年に1

度、牧草地を耕して新しい種子をまく「草地更新」をしている。その年は牧草の収穫が減るが、翌年からよい牧草が生えてくる。しかし努力は報われず、2、3年後にはまた雑草がはびこってくる。牧草地の雑草は実は悩みの種だ。

その雑草のはびこり方は酪農家が考えているよりも深刻だ。とくに標茶町がひどいのではなく、どこでもほぼ同じだという。この問題点に早く気付いたのが「JAしべちゃ」だった。

龍前さんに牧草地を案内してもらった。チモシーと雑草が入り混じっていた牧草地の上に前年の8月下旬、新たにペレニアルライグラスとオーチャードグラスの種子をまいた。翌年の7月下旬、1番草を刈り取ってから間もないというのにペレニアルライグラスがひときわ高く伸びていた。手間と費用がかかる「草地更新」をしなくても、夏の追加種まきで牧草地は確実に改良されるという。

また酪農家はあふれるほどある牛のし尿を、牧草地に肥料としてまいているが、窒素過多、アンモニア過多となって牧草のサイレージ品質を悪くしている。牛が起立不能症になる場合がある。し尿散布を抑えるとともに、カリウムを抑えた化学肥料を牧草地にまくことが必要だという。

ペレニアルライグラスは、ニュージーランドやヨーロッパでは多く使われており、栄養価が高く消化性に優れている。ただ土壌凍結に弱いとされているので、中標津にある道立根釧農試でさらなる品種改良が進められている。

道北・上川地方では、リードカナリーグラスやシバムギなどの雑草に手を焼いている。この対策として春に除草剤をまき、オーチャードグラスをまくと、リードカナリーグラスやシバムギの生育が抑えられたという。

次に案内されたのが新しい牛舎。農水省の「強い農業づくり交付金」を受けて作った最新設備だ。2つの牛舎があって、成牛300頭用と育成牛180頭用。

そしてフリーストール、パーラーシステムだ。フリーストールというのは、1頭ずつつないで飼う「つなぎ飼い」と違って、多数の牛が広い区画を自由に歩き回り、自分の好きな場所で首を出して餌を食べることができる飼い方、つまり「牛舎内での放し飼い」だ。牛は3つの群れに分けられていた。

そして搾乳時間になると、ミルキングパーラーと呼ばれる搾乳場の入口に自分で並び、順番で中に入って真空吸い取り機のミルカーを人に装着してもらう。その前に4つの乳房をきれいにし、細菌が多い最初の乳を前しぼりで捨てる。一度に18頭ずつ入れる仕組みだ。ロボット搾乳機を設置することもできたが、新規就業者育成のためにあえてパーラーシステムにしたという。

牛舎では、小さなロボットが動き回って散らばった牛の餌を食べやすいように牛のほうに寄せていた。この餌寄せロボットは2時間間隔で動く。夜中も動く。そして自分で充電器のそばに行って充電する賢さだ。

お腹いっぱいに餌をたべた牛は奥にあるゴムマットの上でごろり横になって身体を休めている。マットはふんが落ちやすく、上にはおがくずがまかれていて、乳房が汚れたり傷ついたりするのを防

餌寄せロボットが動き回る牛舎

いでいる。床の改良がここの特徴のひとつだ。床と水槽は1日2回清掃されている。牛たちはきれいな床に横たわってきれいな水を飲んでいる。ふんの匂いがしない。牛の人相（?）もいい。

乳牛に沢山乳をだしてもらうには、こうして安楽性を高めることが大切だ。牛の背中をかく機械も置かれていた。牛は自分でこの機械のそばにやってくる。そして大きなブラシに背中をこすりつけると、ブラシが自動的に回って牛の背中をかく。牛は気持ちよさそうに目を細めている。こうして乳量は開業から徐々に増え平均1日33キロになった。

旧小学校は、町の農業研修センター、愛称「しべちゃ農楽校」としても使われてい

龍前直紀場長

た。首都圏からやってきた女性や夫婦など5人が教員住宅などを宿舎にして研修を受けていた。やがてこの人たちが標茶町酪農の新しい担い手になる。また新しい牛舎設備は酪農家の設備改良を先導する役割もある。

2015年8月下旬、TACSしべちゃで牧草地改良の講座が開かれた。道東一円から90人の酪農家が参加、龍前さんの話に耳を傾けた。以下はその主な内容。

雑草が多い牧草地は、やはり一からやり直す「更新」がよい。1番草の刈り取りを終えた夏の終わりから秋口にかけて牧草地を掘り起こし、ここに新たな種子をまく。まく種子は3種類を混ぜ合わせ1ヘクタールあたり25キログラム。内訳はイネ科のオーチャードグラス16キログラム、同じくペレニアルライグラス4キログラム、マメ科のアルファルファ5キログラム。これらは1平方メートルに種子約1200個をまくことになる。

もうひとつのやり方は、2番草を刈り取ったあと、これまでの牧草が生えている上にペレニアルライグラスとオーチャードグラスの種子を同じ割合で混合してまく。次善の策だが、これでも牧草地は改良される。

「TACSしべちゃ」は、標茶が設立した施設だが、龍前さんの技術指導は町外の人にも惜しげなく行われる。標茶町の度量の広さでもある。

こうして2016年夏の1番草刈り取り後には、道東各地で草地更新が行われることになりそうだ。その牧草を牛が食べはじめる2017年初夏から乳量や乳質が向上するに違いない。

牧草の種子はどこから?　雪印種苗などで改良を重ねられた種子は、農業試験場で確認されたあと、専門農家に依頼して栽培される。だが牧草となるとその量は膨大。酪農家1軒あたりトン単位となる。それだけ大量に栽培できる農家は日本国内にない。そこで雪印種苗はアメリカに広い農場を確保し数年がかりで種子を栽培している。できた種子をさらに検定して日本に逆輸入し、ようやく農家の元に届く。

「**強害雑草防除マニュアル**」が2016年春に作成された。中標津町の根釧農試、新得町の畜産試、浜頓別町の上川農試天北支場の道立3農試が5年間、道内の牧草地を調べた結果、牧草の割合は50%を切っていたという。残りはシバムギやリードカナリーグラスなど再生力の強い強害雑草だった。このマニュアルでは、防除方法、新たな牧草の種子をまく時期などを細かく指導している。これらの作業は農水省の補助対象にもなっている。

クラーク博士のつぶやき

サイロから牧草ロールへ

北海道らしい風景というと、緑の丘で草をはむ乳牛、その背後にそびえる赤い円筒形のサイロだったが、これは20年ほど前の風景。いまはサイロは使われなくなった。サイロは牛が食べる牧草を乳酸菌発酵させて貯蔵するものだが、建設費が高いうえ牧草取り出し機の故障が多いことや、詰め込みすぎての倒壊が相次いだ。

これに代わるのが「水平型バンカーサイロ」。地面に置いた人の高さほどのコンクリート製2列の長い壁、この間に草を入れてシートで覆い発酵させる。いわばサイロを横にした形で取り出すのも簡単。

さらに簡単なのが牧草ロールの「ラップサイロ」。青刈りした牧草を数日かけて乾燥させたあと、ロールベーラーという機械でくるくるまるめて大きな太鼓のような形にし、これをポリエチレンでぐるぐる巻きにする。1個が300キログラムもあり、40日ほどで良質のサイレージとなり腐敗せずに長期保存できる。うまく発酵するよう中に乳酸菌やギ酸を添加する場合もある。ラップをかけない場合もある。いわば牛用の漬物で栄養価があり、乳量の増加につながる。

秋に牧草地に置かれた牧草ラップには、ホルスタインを思わせる白黒のゼブラ模様もあり、これらが新しい北海道の風景だろうか。

人の手かけずに乳しぼり
ロボット8台が活躍する未来の牧場　江別市・カーム角山

牛舎の一角の柵のそばに数頭の牛が集まってきて、何やら順番を待っている。おっぱいが張ってきた乳牛たちが乳をしぼってもらうために、ロータリーパーラーと呼ばれる円形の搾乳所に自分で集まってくるのは、フリーストール（牛舎内の放し飼い）の牛舎では日常的な光景だが、ここは少し違う。柵の向こう側に人が誰もいないのだ。

自動ゲートが開くと牛は柵の中に自分で入り、おいしい飼料が入っている餌箱の方を向いて餌を食べ始める。同時にロボットアームが動いて4つの乳頭を洗い、溜まっている少量の乳を搾って捨てる「前しぼり」をしたあと、カップを吸着して乳を搾り始める。6、7分で搾乳は終わり、次の牛が入ってくる。牧場で一番大事な乳しぼり、ここではこの作業に人の姿はない。

ここは札幌の北東、石狩川と厚別川にはさまれた江別市郊外の角山《かくやま》地区、2015年8月30日から乳しぼりを始めたばかりの株式会社「Ｋａｌｍ角山」の牛舎だ。

さきほどの搾乳ロボットを日本で一番多い8台も備え、自動化酪農で日本の先頭を走る酪農企業だ。Ｋａｌｍというのは、オランダ語で「穏やかな」とか「悠々」という意味。乳牛のホルスタインはオ

スウェーデン製の搾乳ロボット

ランダが発祥の地、環境にやさしい酪農を目指す意味が込められているという。

専務取締役の川口《かわぐち》谷仁《やじん》さんが出迎えてくれた。まだ43歳という若さ。江別市4軒、札幌市1軒、計5軒の酪農家の二代目、三代目が力を合わせて会社を設立した。５人の牧場はいずれも設備の更新時期を迎えていた。個別に新しい設備を導入したのではたいした改革にはならない。いっそ一緒にやろうかと話はまとまった。経験があり、比較的若い、資産もある、計画が優れている、と条件がそろっていたため農水省の「強い農業づくり事業」のモデル事業に選ばれた。なんと50%の補助金がもらえるのだ。

こうして導入したのが1台２５００万円

川口谷仁さん

もするスウェーデン製の搾乳ロボット8台、こんなにそろえた牧場はほかにない。これを中心に乳牛480頭を飼育できる長さ160メートル、幅40メートルの牛舎、100頭の哺育舎、飼料調整棟などを建設した。費用は全部で15億円。日本政策金融公庫からの借入金は3年据え置き、20年で返済するが、十分自信はあるという。

牛舎の中に入った。広くて天井が高い。まだ乳牛は280頭しかいないが、4つの群れに分けられている。牛は餌を食べては広い囲いの中を自由に歩き回ったり、大きなブラシに身体をこすりつけたり、寝そべったりしている。水飲み場、塩、ビタミンのかたまりも用意されている。

餌はいくらでも与えられている。適度に

背中こすり機で気持ちよさそう

発酵し刻まれたた草とデントコーン（飼料用とうもろこし）その他を混ぜている。いい匂いだ。私も食べたくなった。牛は実にのんびり、ゆったりしていて人をこわがらない。人相ではなく牛相がいい。古いタイプの「つなぎ飼い」、1頭ずつがつながれていて自由に動き回れないのに比べて、ここはなんと自由なのだろう。ここでは牛のストレスはまったく存在しない。

そして気が向くと、牛は自分で搾乳ロボットの場所に向かう。牛は耳に全国共通の11ケタの黄色い個体番号をつけている。BSEが発生してからこれがつけられるようになった。これとともに青い番号札がついた大きな首飾りをつけていている。これがこの牧場での牛の認識番号で、ロボット搾乳機は、この番号を見てゲートを開くかどうか判断する。お産をしてから間もない時期と後期とでは乳をしぼる時間間隔の設定を変え、牛に負担をかけないようにしている。

ここのスタッフは経営者の5人を含めて12人。朝6時から働くが、夜10時には誰もいなくなる。もちろん夜も電気が明々とついていて、牛たちは夜中でも乳しぼりに向かう。搾乳は朝と夕方が多いが、夜中でも1時間に3、4頭が搾乳場に入り、中には1日4回も乳をしぼる牛もいるという。乳房が張りすぎることがないのは、牛にとってストレスをなくすことになる。全体平均では2・8回から2・9回になるということで、当然1日2回の普通の牧場に比べれば乳量は多くなる。搾乳ロボットは牛1頭ずつの乳量、乳脂肪率などを克明に記録している。

巨大な水平の牧草ロール

牛を丹念に観察している人がいた。獣医さんだ。専属の獣医が毎日来て病気の早期発見に努めている。

搾られた牛乳はパイプラインでステンレスのバルククーラーに送られる。タンクローリー2台分を貯めることができる20トンの巨大な貯蔵タンクだ。牛乳はサツラク農協に出荷され札幌と周辺で販売されている。３年後には年間５６００トンの牛乳出荷を見込んでいる。

Ｋａｌｍ角山は単に効率だけを追い求めているのではない。牛を健康で長生きさせる動物福祉と並んで、安全安心な牛乳の出荷、大量飼育による環境への負荷をなくすことを目標にしている。牛舎の中を1本の長い鉄の鎖が静かに動いていく。これを目で追っていくと、牛の糞尿を自動的にかき集める装置であることがわかった。この床清掃は2時間に1回行われている。集められた糞尿は牛舎の外の2基の大きなタンクに集められ、バイオ技術できれいな水に処理されて排水される一方、メタンガスを発生させてボイラーで燃やし1時間に１５０キロワットの発電をしている。

外に出た。白いビニールで覆った長い小山が何本もあった。巨大な牧草ロールだ。牧草やデントコーンを1個1個くるむのではなく、幅2メートル、長さ１００メートルぐらいにくるんで地面に寝かせている。この作業の時に乳酸菌の錠剤を適当な間隔で放り込むだけで、内部の発酵が進む。以前、牧場の象徴は高くそびえるサイロだった。それがここにはない。サイロを立てるには億近い資金がいる。この地面に寝かされた、白い「やまたのおろち」のようなのが、サイロや牧草ロールに代わる新技術なのだ。この牧草などは、経営者5人の牧草地や畑２００ヘクタールで生産される。5人は新会社設立後も自分たちの牧場を閉鎖せずに餌を作ったり、子牛を育てたりして、本体を支えている。本体に牛乳、電気、ガスの余剰販売などで年商5億円を目指す。

川口谷専務は、将来はほかの農業や各種販売の分野にまで手を広げたいと語る。余裕を持ちながら最初の一歩を歩み始めたＫａｌｍ角山、新しい酪農の未来像を示しながら、描いた夢を次々に実現していきそうな気がした。

クラーク博士のつぶやき

９００草原

道東・弟子屈《てしかが》町の市街地南側に、北海道の広さを実感できる草原の丘陵がある。その名は「９００（きゅうまるまる）草原」。牛を放牧できる草地などが９３０ヘクタールと広いので、この名が付けられた。森林だった低い山を、国の開建＝建設省北海道開発局が昭和55年から平成6年にかけて樹木を取り払い牧草地にした。町営牧場となり、春から秋にかけて町内の農家の若い牛２３００頭が放牧されている。要所要所に牛のための水飲み場と塩をなめられる設備がある。傾斜地の上り下りが牛の足を丈夫にし、この間に大きく成長する。全体では１４４０ヘクタールもの広さがあり、長いコースのパークゴルフ場やレストラン、焼肉ハウスもある。入口の看板にはなんと「７２０度の大パノラマ」と書かれている。

隣の標茶《しべちゃ》町にも、同じような放牧丘陵地の「多《た》和平《わだいら》」、また道東部の中標津《なかしべつ》町にも「開陽台《かいようだい》」があり、いずれも観光バスのコースになっている。

クラーク博士のつぶやき

足寄町の「ラワンぶき」

町としては面積が日本一広い十勝の足寄《あしょろ》町、そこはまた世界でも類を見ない巨大な「ふき」の産地でもある。「ラワンぶき」は、高さが3メートル、葉っぱの直径2メートル、茎の直径10センチ、重さ1・5キロ。食べてもおいしい。低カロリー、カルシウムが多くアクが少なく柔らかい。だから栽培されている。

　ふきは世界に20種類、日本は3種類と野生のふきがあるが、「ラワンぶき」は「秋田ふき」の1種とみられている。町内の螺湾《らわん》川沿いの螺湾地区だけに生えていた。かつては4メートルを超す大きなものもあって、その下を馬で通れたという。なぜこんなに大きくなるかはわからないが、上流に雌《め》阿《あ》寒《かん》岳のオンネトーという不思議な温泉があり、これと関係があることが考えられる。

　乱獲などで消滅寸前になっていたのを農家の鳥羽秀男さんや、ＪＡあしょろが栽培方法を確立した。いまでは21戸が栽培している。6月下旬からの1か月が出荷の時期。道の北海道遺産52件のひとつに指定され、登録商標にもなっていて種苗の持ち出しは禁止されている。

　写真は「道の駅あしょろ銀河ホール21」に飾られている、ラワンぶきをかざすシンガーソングライターの松山千春さん。足寄町出身だ。

ゆとり生むＮＺ《ニュージーランド》式放牧酪農

大規模化とは別の道目指す　足寄町・ありがとう牧場

緑がまぶしい牧草地、草をはむ牛たち。だがよく見ると牛がちょっと違う。ホルスタインとは少し違う。黒毛和牛でもない。ホルスタインとジャージーを掛け合わせた雑種なのだ。ブラウンスイスとの雑種もいる。どれも体型がやや小さいようだ。でも身体がピカピカ光っている。ひづめまできれいだ。どこにもふんがついてない。そしておとなしく目がやさしい。

ここは十勝・足寄町山間部の植坂山という地区にある「ありがとう牧場」。酪農家、吉川友二さん(51)の牧場だ。乳をしぼる牛は51頭、育成中が50頭、牧草地は１０３ヘクタール、大きくはない。この牧場の特徴は放牧。寒い冬だけは牛舎に入れるが、そのほかは昼も夜も放し飼い。乳牛は朝と夕方、一応人が迎えには行くが、ほとんど自主的に搾乳場に集まってくる。それが終わるとまた牧草地へ。つまり、多くの牧場での朝夕の餌づくり、餌やりの作業がない。ふん尿の処理もしなくていい。

またその牧草地はふん尿にまみれてない。おいしい草がいっぱい生えている。なぜか。牧草地は40の区画に区切って牛を入れている。朝入った区画と夕方の区画は違う。１日２区画で20日間で１回転。だから牛たちはいつも21日目の新鮮な草地に入る。その間に前回のふん尿は微生物の活躍できれいに

愛犬とともに吉川夫妻

分解され、草の養分になっている。

牛たちはバリッ、バリッと小気味いい音をたてて草を食いちぎる。馬と違って草を食べるときには根っこを残す。だから20日間で草は再び丈を伸ばす。牛が自分たちで牧草地を育てていることになる。もちろん冬用の採草地は別に確保して牧草ロールを作っているが、プラスティックの覆いはごみを増やすからとかけない主義だ。

それでは、あの変わった牛たちは何だ。ホルスタインのほうが身体大きく、乳も沢山出すんじゃない？　その答えを吉川さんに聞いてみよう。


確かにホルスタインは乳量が多いのですが、次第に妊娠しにくくなる傾向

人も牛も余裕たっぷり

があって、どうしても種がつかないと廃牛にせざるを得ません。ホルスタインのお産の回数は北海道平均で２・73回と低いのです。ここが経営効率を下げる大きな要因になっています。

これに対して雑種は健康で受胎率が高く、長生きするので、出産回数10回だって可能です。生物学のことばで「雑種強勢」と言ってます。

ホルスタインが平均体重６５０キロなのに対してうちの雑種は６００キロと少し小さく、その分、乳量も少ないのですが、病気になりにくく長生きして何回もお産をしてくれるので、結局は有利となり、楽でもうかる酪農となるんです。

ホルスタインに似た雑種も

吉川友二さんは長野県上田市生まれ、大学は北海道大学だが、畑違いの水産学部だ。卒業後、海ではなく酪農に興味を抱き道内で農業体験をするようになった。30歳のときニュージーランドへ酪農を学びに行き4年間実習してきた。この経験をもとに２０００年６月に足寄町に引っ越し、離農した人の農場を譲ってもらって酪農を始めた。翌年、富山県黒部市出身の千枝さん（44）との出会いがあり４人の子どもに恵まれた。

「ありがとう牧場」のある場所は平地ではない。山の斜面を牧草地にしたものだが、戦前は陸軍の軍馬補充部というのがあって、ここで軍馬を育成していたというからかなりの歴史がある。戦後開拓で一時は37軒の農家があったが、厳しい環境で次々に離農して、いまでも残っているのはわずかに2軒。吉川さんのように後から入った農家を含めて、現在は6軒と農事組合法人が1つある。

南向きなので日当たりもよく、斜面を見上げると丘の上を青い空をバックに白い雲が流れていく。

まさに牧歌的風景で、同じ足寄町出身のシンガーソングライター、松山千春の「大空と大地の中で」が生まれた舞台だといわれている。

足寄町は日本一広い町だ。東西66キロ、南北41キロ、面積１４０８平方キロで、町としては全国１位、市町村通じて6位だ。しかし大部分が山林原野で農耕地はわずか６・２％。もう一つの日本一に「ラワンぶき」がある。傘より大きなふきで名産品になっている。

こうした土地柄から放牧酪農が盛んになった。町も２００４年に「放牧酪農推進の町」を議会で議決し宣言。役場の前には「放牧酪農推進のまち」ののぼりがはためいていた。酪農家の半数が吉川さんのような放牧だという。

吉川さんは言う。

放牧の決め手は牧草地の使いかたです。広い牧草地に牛を放し飼いにしている風景をよく見ますが、1年間同じ面積に放牧すると、牛が食べずに草が繁りすぎる部分がかなり出てきます。草は丈が伸びすぎると栄養価が下がります。そういう放牧ではなく、うちのように区切って放牧し次々と移動していくと、草は消化率のいい短い草になります。

牧草の種類はイネ科のオーチャードグラス、チモシーを主体にホワイトクローバーなどです。1番草刈り取りまでは、牧草地の3分の1程度の面積を小さく区切って放牧し、残りは採草のた

めに牛を入れませんが、1番草を刈り取ると放牧地を全牧草地の3分の2に拡大、2、3番草を刈り取ったら全部を放牧地にしています。といっても小さく区切ってですよ。

機械で刈り取るばかりの牧草地は次第に雑草が繁るようになり、5年もすれば、牧草地を再び耕して新たに牧草の種をまく「草地更新」をしなければなりませんが、うちはその必要がありません。放牧をすると、雑草が自然となくなり、牧草になるからです。もともとヨーロッパでは放牧をして生き残った草を牧草と呼んだのだと思います。もちろん草地には石灰やたい肥を入れてますが、草地更新をしないですむということは、大変な労力とお金の節約になります。

1年のサイクルですか。うちは1月2月は搾乳を全面的に止めて乾乳期間として牛も人間も身体を休めています。もちろん餌やりはしなければなりませんが……。

3月になるといっせいに分娩が始まり、牛乳の出荷も始まります。そうなるように前年の5月20日ごろに種付けをしているのです。（牛の妊娠期間は9か月と10日）こうして北海道の遅い春を迎え、初夏の6月に牛乳生産量のピークを迎えます。

牛は斜面の放牧で足腰が強くなり病気もほとんどしません。しかし乳量は秋にかけて徐々に下がっていき、11月下旬からは朝だけの搾乳となり、大晦日で乳をしぼるのをやめます。

春に生まれたメスの子牛は、牧場に残して規模を次第に拡大していくのが一般的なやり方だが、

「ありがとう牧場」では牧草地の広さに見合った頭数を維持するだけにして、むやみに牛を増やさないようにしている。だからメスでも売りに出す。オスも売る。こうした個体販売も収入になる。

それから、とうもろこしなどの穀物飼料をまったく与えないのかというと、そうではない。搾乳時に牛がいそいそと集まってくるのは、乳を搾っている間に穀物飼料が食べられるからだ。でもその量は多くない。普通の牧場では濃厚飼料は1頭あたり1日10キロほど与えているが、ここでは多くても1日1キロ。冬はお産が近づいていることもあって1日3キロに増やす。

それでも吉川さんは考えている。牛は本来、草だけを食べて牛乳を出してきたのだから、人間が食べる穀物を食べさせるべきではない。将来は遺伝子改良で穀物を食べなくても乳がでる牛に品種改良したいと。吉川さんが求めているのは、乳量の多い「スーパーカウ」ではなく、健康で長生きする「ハイブリッドカウ」なのだ。

ヒグマによる被害はないのか。ヒグマは確かにあたりにいるが、牧場の周りは二重の柵が張りめぐらされている。外側が高張力鋼線、内側が電気柵。

足寄町に新規酪農で外部から入ってきた人たちのほとんどが、こうした放牧酪農だ。そこで研究会を組織して互いに技術を教えあっている。リーダーは吉川さん。

その吉川さん、２０１４年夏の2か月間、再びニュージーランド酪農を学びに行ってきた。こんどはニュージーランド政府の奨学金、日本の酪農の経営者を対象にしたもので、浜中町の二瓶雅樹さん、永井守さんを加えた3人が選ばれたという。

16年ぶりに見たニュージーランド酪農は、日本では考えられないほど厳しい環境にさらされていた。もともと1984年に一切の補助金が打ち切られていたが、補助金なしで世界市場へと出ていき、安い乳価の中で生産量は以前の3倍に増え、95％を輸出していた。しかももうかる産業となって投資する人も多いという。

吉川さんは「酪農ジャーナル」という雑誌に「ニュージーランドから見た北海道の酪農」という題で5回連載した。その要旨はこうだ。

日本では、もうかる牛は1頭あたりの乳量の多い牛だと信じられている。そう行政や農協が指導している。こうして農家は以前やっていた放牧を止め、舎飼い（牛を牛舎につないで飼うこと）にして濃厚飼料多給型の多頭経営に変えていった。

牛乳生産量の増加だけを農家に強い、農家の名目収入は増えても飼料、肥料、資材などの経費が増えて経営は逆に苦しくなった。アメリカの穀物販売戦略に乗せられているのだ。酪農家は働きづめで過重労働となり、子どもも後を継ぎたがらない。こうして農家戸数は減り全体の牛乳生産量も減った。

本当にもうかる酪農とは、乳量よりも繁殖能力が高く長生きして何回もお産する牛を飼うことだ。日本ではどうやって牛乳生産量を増やすかの情報はいっぱいあるが、農家の所得を増やし、ゆとりの時間を持たせる方法の情報はない。北海道の酪農も補助金なしの環境にチャレンジしてみるべきだ。

放牧と舎飼いの経営比較　（酪農ジャーナル2015年８月号より抜粋）		
	Ａ牧場（放牧）	Ｂ牧場（舎飼い）
生乳生産量	296トン	327トン
搾乳牛	50頭	35頭
収入	3193万円	3447万円
飼料代	624万円	1660万円
支出合計	1517万円	2805万円
差し引き所得	1676万円	642万円

日本の農政に対する痛烈な批判だ。吉川さんはさらに言う。もうかっていない酪農家ほど規模拡大の意向が強い。国が補助金を使ったり、大規模化を指導していることもあって、もうからないのは規模が小さいからだと思い込んでしまう。

牛に穀物を沢山たべさせて牛乳生産量を上げる、規模拡大をする、この方法しかないと行政は農家に信じ込ませている。だがこの指導が農家を苦しめてきて結局は農家戸数を減らした。農家戸数を増やすために農家の所得率を劇的に高めることができるのは放牧酪農しかない。

その所得率の表を見ていただきたい。Ａ牧場は放牧、Ｂ牧場は牛舎の中で飼う「舎飼い」。１頭あたりの年間牛乳生産量は、Ａ牧場が５・92トンなのに対してＢ牧場は９・34トンと、Ｂ牧場のほうが多い。しかし飼料代がかさみ時折雇うヘルパーへの支払いもあって、所得はＡ牧場より少ない。

吉川さんの暮らしは、ゆとりにあふれている。朝夕の乳しぼりは合わせて３時間ほどかかるが、それ以外はほとんどが自由時間。読書や自転車、スケートなど趣味にひたる。子どもの勉強も教える。従業員を1人雇っているが、外出の回数も多い。それもこれも放牧酪農がもたらしている。

奥さんの千枝さんもパンづくりに精を出す。また住み込み職人の本間幸雄さんが13年春から牧場の一角に「しあわせチーズ工房」を開いて、おいしいチーズとヨーグルトを作っている。これらは道の駅「あしょろ」で売られている。

酪農といえば朝早くから夜遅くまで働くばかりで、せっかくかせいだお金を使う暇もないのが一般的。それに比べて吉川一家はなんとゆとりがあり幸福感に包まれているのだろう。所得は生活に必要なだけ得られればいいという考え方。大規模ではないが、適正規模の放牧酪農で、牛も人も無理のない暮らしをしている。太陽光発電や風力発電の設備もあった。牧場全体に「ありがとうムード」が漂っていた。吉川さんはオオワシが住む森を作りたいと思っている。自然が豊かであればオオワシもきっと来てくれるに違いない。

これからの農業や農村は、生産、生産と追われるのではなく、文化を大切にすべきだと思います。その文化とは何か。魅力ある農村とは何か、それをいま考えています。農村の魅力とはそこに住む人であると思います。魅力的な人が農業を営み農村によって育まれていくことが私の願い、いや祈りです。

「家族が幸せならば、農業は成功する」ということばがあるそうだ。足寄の「ありがとう牧場」は、規模拡大路線を進む北海道酪農に、新たな価値観や別の道があることを示している。

クラーク博士のつぶやき

農協合併

近年、農協の合併が急ピッチで進められている。規模拡大による信用拡大、スケールメリット、専門性、効率化などがねらい。農協には農産物の販売、飼料・肥料の購入、銀行のような信用業務、ＪＡ共済などを行う総合農協と、日高軽種馬農協、北海道養蜂農協のような専門農協の2種類がある。１９５０年には全国で最大の1万３３１４組合があったが、現在は約７００組合に統合されている。これをさらに少なくしようという動きがあり、すでに奈良、沖縄、島根、香川では、県内の農協がわずか一つに集約されている。

北海道で最大のスケールの農協は新函館農協で、渡島《おしま》半島のほぼすべての農協、２市12町の農協が一つに集約された。また根室の隣の別海町には道東あさひ農協がある。２００９年4月、別海町と根室市の農協4つが合併、酪農では日本一となった。道東は日本の一番東で、全国に先駆けて朝日が昇ることからこの名前になった。

北海道の農協は１９９4年に２３７あったのが、いまは１０８、道庁はこれを37にしようとしている。たとえば十勝の24農協を一つにしようとしているが、それでも空知、上川、オホーツクには５ずつ、石狩は4などと、農協の数では全国一が続きそうだ。

牛のふん尿でバイオガス発電
悪臭解決しチョウザメも養殖　十勝・鹿追町

酪農や肉牛飼育は年々規模が大きくなっている。これにともなって農家を悩ませているのが毎日大量に出る牛の排泄物、ふん尿だ。尿はタンクに貯められたあと牧草地や畑にまかれているが、そのときの臭さは並大抵ではない。運悪くその横を車で通りかかろうものなら窒息しそうになる。あわてて窓を全開、しばらく走って中の匂いを外に出す。

これが車でなくて家の場合は逃げる方法がない。十勝平野の西の端、鹿追町《しかおい》は、町役場や農協などがある中心市街地が立派で、ここに大多数の住宅が集まっている。しかし周囲は全部が畑。初夏や秋など農家が尿をまくときは風向きによって強烈な匂いが市街地の大部分を覆う。それが薄くなるまで数日はかかる。尿散布はたえずどこかで行われるので、「なんとかならないか」と町民の間から悲鳴の声があがった。

解決策が町によるバイオガス・プラントの建設だった。酪農家から牛のふん尿を集めて発酵させ、発生したメタンガスを燃やしてその熱で発電する仕組み。町が17億4500万円を投じて施設を建設し、2007年から運転を始めた。

バイオガスを発生させる発酵槽

そこにふん尿を供給するのは12戸の農家、１３００頭分のふん尿がここに運び込まれ電気を発電して北海道電力に売る。同時に液体肥料や粉状の肥料も作られるようになった。市街地周辺での尿散布が行われなくなり、販売する液体肥料は畑にまいても匂いがしない。それどころか売電などで利益を生むようになった。２０１３年度の場合、２７６０万円の黒字だった。

このバイオガスプラントがいっそう注目を集めるようになったのは、２０１４年春から、キャビアを生み出すチョウザメの飼育が、ここで始まったからだ。チョウザメはカスピ海や黒海に住んでいて、その卵は世界3大珍味のひとつ、キャビアになる。

鹿追町は、自然の湖の然別湖《しかりべつこ》があって年

チョウザメは30センチぐらいに育っていた。

間70万人が訪れる。また陸上自衛隊の戦車部隊の駐屯地があるが、酪農、畑作、畜産と、典型的な十勝の農村だ。人口は5700人、乳牛1万9000頭、肉牛1万頭をかかえる。

バイオガスプラントは環境保全センターという名称で、市街地から3キロほど離れた畑地帯にある。巨大なタンクが3基、その横にプラント、そして温室などがあった。担当の井上竜一さんは町役場農業振興課の主事だ。

牛と豚のふん尿は1日89トンをトラックで集めてきて、別に生ごみ2トン、浄化槽汚泥1・5トンを加え、これらを2つの発酵槽で発酵させてメタンガスを発生させ、これを燃やして4000キロワットの発電をしている。

発電した電気の半分はプラントを動かすのに使うが、残り半分は売っている。発酵槽から出る水分90トンは殺菌して「消化液」という液体肥料にし、巨大タンク3つに貯めて畑に散布している。これがいい肥料になっている。もちろん、匂いはしない。メタンガスの一部は精製して町役場の公用車1台（SUV）の燃料にしている。このガス供給設備がプラントの横にある。またガスと70度の温水をそばの温室に供給している。

これと別に、たい肥化プラント用に牛のふん尿45トンを集め、熱とおがくずを加えて好気性発酵させ、たい肥を1日33トン生産する。ふん尿を排出する酪農家などからは利用料金をとり、液体肥料の散布も安いが有料。たい肥も販売している。厄介者を見事に資源化し、経営も成り立っている。

チョウザメが飼われている建物に入った。プラントから温水とガスのパイプが伸びている。丸い水槽がいくつもあって、それぞれに20センチ前後のチョウザメが群れをなして泳いでいた。係の市川友和さんが説明してくれる。

チョウザメは「ベステル」という種類で、茨城県の業者から合わせて850匹を購入、飼育の仕方も教わっている。水温は20度前後、餌はニジマス用のペレット。チョウザメの口に手を入れてみろという。えっ！　指を入れてみると歯がないのだ。チョウザメは古代魚で、進化していないらしい。おとなしい性質だ。鋭い歯が特徴のサメとはまったく違う。形がサメに似ているのと、ウロコがチョウの形をしているので、こういう名前になったらしい。

外の明るい温室には大きな水槽があって、50センチほどに育ったチョウザメが３００匹ほど悠然と泳いでいた。そろそろオスメスの区別ができる。メスは８歳ぐらいになるとキャビアが採れるようになる。オスはすでに出荷されていた。白身の肉で鍋、刺身、すし、てんぷら、軟骨のから揚げ、ひれ酒と、なんでもおいしい。町内の料理屋、すし屋で人気だという。皮はとくにコラーゲンが多い。キャビアがとれたときの大騒ぎがいまから聞こえそうだ。

チョウザメは冬は水温を10度ぐらいに下げて熱源をマンゴーの温室に回す。マンゴーも栽培しているのだ。それから別の温室では北海道ではむずかしい「さつまいも」も作っていて、とれたさつまいもは冬の間凍らないように暖かい貯蔵庫で保管し、干しイモとして出荷している。

チョウザメは、町役場の近くにある「道の駅しかおい」でも展示されるようになった。水槽の中を10匹のチョウザメが元気に泳いでいる。また同じバイオガスプラントで作られた、メタン発酵液肥も販売されている。チョウザメの飼育は比較的簡単で、きれいな水と熱源があればどこでも飼育できるというから今後あちこちに拡大しそうだ。

バイオガスプラントがこのように成功したので、鹿追町は２つ目のガスプラントを28億円かけて然別湖に近い瓜幕《うりまく》地区に建設中だ。規模は２・２倍に大きくなる。これによって町内の牛の３割のふん尿が処理されることになる。ちなみに十勝にはすでに10数か所にバイオガスプラントがある。

クラーク博士のつぶやき

帯広貨物駅

列車で帯広を発って札幌方面へ向かい市街地が途切れかかると、右側に大きな貨物ヤードが広がる。ここが農業王国十勝の農産品を首都圏などに運び出す鉄道の基地、ＪＲ貨物の帯広貨物駅だ。おびただしい数のコンテナーが積み上げられていて、中身はじゃがいも、砂糖、乳製品、野菜など。ＪＲ根室線は単線だが、ここだけは20本ほどの線路に膨れ上がっている。少し札幌側にある日本甜菜製糖芽室製糖所に通じる４・９キロの専用線もある。以前はこのための十勝鉄道という貨物鉄道もあったが、いまは廃止されている。

　ひときわ目立つのが真っ赤な色の機関車、車体にECO-POWER RED BEARと書かれている。ＪＲ貨物が誇る力持ちＤＦ２００形電気式ディーゼル機関車だ。以前の貨物列車はＤＤ51形ディーゼル機関車が引っ張っていたが、貨物の量が増えて編成が長くなると機関車を2両つなぐ重連か、前と後ろに1両ずつ置かないと引っ張れなくなった。

　そこで登場したのが、このRED BEAR。ディーゼルエンジンで発電し、その電気でモーターを回し車輪を駆動させる。いわばハイブリッド機関車だ。この力持ちに引かれ十勝の農産物を満載した貨物列車が青函海底トンネルを通り、東京の隅田川や大阪の吹田などの貨物ターミナルに向かう。

転作で日本一の玉ねぎ産地に
7か月間出荷で全国制覇　北見たまねぎ

スーパーの店頭に並んだ玉ねぎ、いろいろな種類や大きさがある中で一番形が立派で値段も高いのが「北見《きたみ》玉ねぎ」だ。でも売れる。それは「北見玉ねぎ」がいまやブランド商品になっているからだ。北見といえば、昔は「ハッカ」の産地で世界の70％を生産していた。だが、いまは日本一の玉ねぎ産地となっている。

9月上旬、北見市端野《たんの》町の玉ねぎの収穫作業をしている畑を見に行った。この時期、北見盆地、といっても円形の盆地ではなく常呂《ところ》川に沿った東西に細長い谷間だが、どこに行っても玉ねぎの収穫をしたり、すでに終わっていたりで、とにかく玉ねぎ以外の畑はほとんどない感じ。

枯れた玉ねぎが畑のうねに筋状に集められている。3人が乗ったオニオンピッカーという大きな機械がうねに沿ってゆっくり進み、玉ねぎをベルトコンベアーですくい上げて背中の格子状のコンテナに詰め込んでいる。コンテナは玉ねぎでいっぱいになると、畑の隅に並べられ、黄色やオレンジのビニールの覆いを被せられて、2、3週間乾燥させる。

2015年のでき具合もよかった。平年比110％ぐらいだという。この日は夜になると雨が降り出すという予報で、暗くなっても明々と照明をつけて作業を続ける畑がいたるところで見られた。

驚いたのは畑に入るときだ。私を案内してくれた「JAきたみらい」の河原康司営農振興部長が「これをはいてください」と靴にかぶせるビニールのカバーを渡してくれた。外から有害な細菌類を畑に持ち込ませないためだという。最近は牛舎への外部の人間の出入りが厳しく制限されているが、

オニオンピッカーで玉ねぎをすくいあげコンテナへ

畑でもそうか。ましてもう収穫の時期なのに。それだけ病害虫をきびしく防いでいるということなのだ。
同じ端野町にある玉ねぎの選果場も見せてもらった。山裾を切り開いた敷地に大きな倉庫と作業場が立ち並び、コンテナが積み上げられてトレーラートラックが動き回っている。エアーカーテンをくぐって中に入ると、コンベアーベルトの上を玉ねぎが運ばれていた。まずブラシで土を落として球を磨きあげる。人の目で傷物などを選んで抜き取り、次は小さいものを穴に落とす方式で大きさをより分ける。2L、L大、L、Mの4規格、最終段階でも人が注意深く見ながら20キロずつ段ボール箱に詰められる。これを大型コンテナに入れていよいよ出荷。

北見駅で出発待つ玉ねぎ列車

選果場には大勢の女性が働いていた。

ＪＲ北見駅に行くと、玉ねぎ貨物列車が編成を終え、北旭川に向けて出発時間を待っていた。11両の貨車でコンテナ55個を運ぶ。以前は1日3本の列車だったが、いまは1日1本になったため、船便などで対応している。北旭川からは、もっと長大に編成されて本州に向かう。

ＪＡきたみらいは先ほどの選果場を7か所に配置している。私が畑で見た玉ねぎは畑で2、3週間乾燥させたあと、タッパーという機械で葉っぱを切り落とし石などが混じっていないか確認した後、もう一度格子状のコンテナに入れてＪＡのどこかの選果場に運ばれ、出荷までの間、摂氏1度の倉庫で寝かされる。出荷の日になると、コンベアーに出されて選果作業にかけられる。

こうして8月から翌年4月下旬までほぼ毎日、各地の市場やスーパーに出荷されている。春になると、佐賀や兵庫県淡路島など暖かい地方の玉ねぎが市場に出るので、しばしの間、王者の座を明け渡す。

農水省の統計によると、２０１４年の日本の玉ねぎ生産量は１１６万９０００トン、このうち北海道は59％にあたる69万１９００トン、さらに北見はこの約40％を生産している。国民１人あたり年間10個を供給していることになる。したがって北見玉ねぎが事実上の価格決定権を握る存在と言える。では北見玉ねぎはどのようにして今日の地位を獲得したのだろうか。それにはやはり歴史をひも解かなければならない。

ＪＡきたみらい河原康司部長

玉ねぎは現在のイランあたりで生まれたとされる。古代エジプトではピラミッドづくりの住民に給料として渡されたという。ヨーロッパをへて16世紀にアメリカへ。日本へは明治4年、北海道開拓使がアメリカから導入し、「札幌黄」という品種になる。なじみのない外来野菜なので人気がなかったが、関西でコレラが流行し、玉ねぎが効くという話で一気に広がる。北見には大正6年、札幌から種を購入して植え付けられた。いまの北見市の前身、野付牛《のつけうし》町の時代だった。

戦前、栽培面積が増えかかったが、戦争による食料増産で減り、戦後になって徐々に増えていった。俵詰から

北見玉ねぎの一生（極早生の場合）	
1月	ハウスの組み立て　雪の中で２重ビニール
2月上旬	土と種子を機械で育苗ポットに入れハウスに置く
4月下旬～5月中旬まで	２週間で芽を出し成長、機械で水やり育てる　それまでに畑起こし、石とり、肥料まき、整地
5月中旬	葉が３枚・20センチほどに伸びた苗をプランターで畑に移植　ぐんぐん育つ、ときにスプリンクラーで水やり、消毒も
7月上旬	背丈80センチになったくきが倒れる
7月中旬	倒伏して10日後、玉ねぎの根を機械で切る
8月上旬	くきが枯れた玉ねぎをデガーで４列ごとに山寄せ
8月中旬	オニオンピッカーで集めコンテナへ、畑で乾燥
8月下旬	定置型タッパーで葉を切り落とし農協倉庫へ
〃 以降	順次出荷
早生、中晩生も、この手順で栽培・収穫し、倉庫へ、翌年４月下旬まで出荷が続く	

木箱に、１９６８年（昭和43）から現在のスチールコンテナになった。害虫の玉ねぎバエに悩まされ続け、昭和30年代前半に駆除法が確立されるまで農家の闘いは続いた。このころ玉ねぎの種子は、それぞれの農家が自分で確保し、形もさまざまだった。

１９７０年（昭和45）ごろからコメの減反が始まった。見渡す限り水田だった北見盆地ではコメは3年に1度は不作だった。寒いからだった。転作に玉ねぎを選ぶ農家が増え、水田は急速に玉ねぎ畑に変わっていった。玉ねぎは寒さに強い。しかし依然として投機的作物だった。

いつしか、もうひとつの産地、道内の富良野、岩見沢を追い越していた。しかし豊作とバラバラな出荷は価格の暴落を招き、調整のために大量廃棄という悲劇もあった。１９７５年からいまの共同会計、共同販売になった。玉ねぎは貯蔵できることが有利だった。

こうしたなか端野町農協にいた酒井義弘さんが栽培技術を確立し、種子会社と一緒に講師役となって農家を回って指導した。くきが倒れたあと、機械で根を切る技術も普及していった。機械化、選別施設が整えられていった。

２００3年、北見市と周辺の1市4町の8農協が合併、巨大な農協となった。北見と未来をつないだ造語の「きたみらい農協」という名称になり、玉ねぎの生産と出荷の足並みがさらにそろった。とりわけ玉ねぎの中核産地である端野町と訓子府町の農協が加わったことの意味は大きい。

また周辺の美幌町、遠軽町など14農協も加わって「北見地区玉葱振興会」を組織したことも出荷の安定に役立っている。

こうして見てくると、北見玉ねぎが全国の王者の地位にいる背景には、次のことが挙げられる。すなわち、北見盆地という日照量が多く雨が少なく朝晩の寒暖差が大きい恵まれた土地に支えられていること、残留農薬検査センターを設けるなど厳しいチェックで品質の向上に努めてきたこと、極早生、早生、中晩生と栽培時期をずらすなど、作りすぎないようにし、7か月間にわたって毎日出荷を続けていることなどだ。

また道立北見農業試験場が新品種の開発に努めてきたことや、訓子府機械工業などの地元機械メーカーが、作業に適した農機具を次々に開発してきたこともよかった。現在、種子（F1）は香川県や京都府の種子会社が栽培して送り込んできている。黒いゴマのような種子を白い粘土でコーティング

北見玉ねぎの商品種類
黄玉ねぎ（これがほとんど）、さらり、赤玉ねぎ、ペコロス、サラダオニオン、真白
栽培している黄玉ねぎの品種：北早生３号、オホーツク、きたもみじ2000、スーパーきたもみじ　など

した３ミリほどの大きさ。

共販は6割を「きたみらい」自身による市場出荷、３割をホクレンによる全道会計で、残り1割がスーパーなど大型店向けや直販だ。こうして毎年11月には各農家へ概算支払いをし、翌年7月に最終清算をしている。農家所得１２００万円を目指す。

日本へは山東省物など中国産も大量に輸入されている。中国から年間25万トン程度、次いでアメリカからで、合わせて30万トンほどが入ってきている。安いが業務用中心で、北見への影響は少ないといっていい。

逆に２０１６年1月には北見玉ねぎを初めて韓国に輸出。釧路港から釜山へのコンテナによる輸出だった。韓国が不作、中国も不作だったからだ。

以前はずっと同じ土地での連作だった。30年ぐらい続けてきた場所もあった。だが近年は輪作を奨励している。玉ねぎ、玉ねぎと2年連作したあと、小麦、ビートとほかの作物を植え、また玉ねぎに戻ると、根がリン酸をよく吸収するようになるという。

新顔の玉ねぎは「ペコロス」。ピンポン球ぐらいの小さな玉ねぎで洋食に似合う。機械ではなく手作業で収穫するので、手に入りにくい。玉ねぎの塩だれや玉ねぎ醤油などの商品も開発された。

面白いのは玉ねぎの表皮だ。捨てられていたのが染料の原料になった。「きたみらい」の河原部長らの制服は玉ねぎ染料で染められた玉ねぎの皮の色だった。北見玉ねぎの将来も同じように明るい。

クラーク博士のつぶやき

農家は機械だらけ

北海道の農家の耕地面積は本州の10倍。働き手はほぼ同じのはずだから、北海道では栽培品種に応じた農業機械を多数導入して作業をこなしている。何台の機械があるかという質問にはすぐには答えられない。ほとんど使わなくなった機械も予備に置いてあるからだ。機械置き場がいっぱいの農家が多く、簡単な整備は自分でこなす。

どこにも基本的にあるのがトラクター。作業に応じてプラウ（すき）などの付属器具を取り換えるので、まさに必需品。トラクターを大小数台持っているのが一般的で、付属器具をつけっぱなしにしていることも多い。また田植え機、プランター、肥料や農薬をまくスプレッダー、レーキ、ロールベーラー、コンバインなど各種の収穫機、このほか一般的なのが重い物を持ち上げるためのショベルカー、フォークリフト、クレーン付きトラックやダンプカーも。

このように増えたのは、風雨などを避けて適期に作業をするには自分で機械を所有するしかないこと、税法上7年で減価償却が終わっても機械はさらに何年も使うことができるが、その分所得が増える計算になるので新たな経費を設定するため最新式の機械を導入するからだ。

クラーク博士のつぶやき

広がる温泉熱・地熱の利用

函館の北40キロ、噴火湾に面した森町の内陸部にある直径2・5キロの小さな盆地、濁川《にごりかわ》温泉。ここは北海道有数の温泉熱利用のトマト栽培地だ。水田からの転作が始まった1970年（昭和45）、24戸がそれぞれ温泉を掘って54棟のハウスを建てキュウリの栽培を始めた。73年からは春から夏はキュウリ、秋はトマト、冬はタイナという葉野菜の輪作に。

1982年からはこの地区で北海道電力森地熱発電所（設計出力5万キロワット、現在は2万5000キロワット）が発電を始めた。発電した後の熱水を真水に熱交換し、これをダクトでハウスに送って中を温める地熱水ハウスが新たに34棟建てられトマトを栽培。さらに35棟が建てられてキュウリを栽培。濁川は温泉熱利用のメッカとなった。

洞爺湖畔の壮瞥《そうべつ》町でも豊富な温泉を使って特産の「オロフレ・トマト」を30年間安定して生産している。このほか函館市恵山《えさん》ではイチゴ、十勝音更町ではマンゴーを栽培。函館の北、七飯町大沼では温泉利用のハウス600棟でホウレンソウ、ピーマン、トマトの栽培計画がある。

また積水化学は地下2メートルにパイプを通し、これに一方から送風機で風を送り込む簡単な地中熱交換システムで夏の花栽培のハウスに冷たい空気を送り込むシステムを岩見沢などで始めており、「ヒートポンプ」によって冬に暖かい地中の空気をハウスに送り込むことも可能だという。これは温泉地でなくてもできるが、温泉が多い北海道では、重油を使わず環境に優しい地熱利用がこんご広がりそうだ。

ブランドに成長した川西長いも
通年出荷プラス輸出で価格維持　帯広市・川西農協

コンベアーに沿って立ち並ぶ20人あまりの女性が、流れてくるうす茶色の長いもをつかみ1本1本検査して出荷用の青い長い箱に詰めている。別のラインでも似たような作業が、また透明な覆いで区画されたラインでも大勢の手で作業が行われていた。摂氏3、4度の貯蔵庫で寝かされていた長さ70センチ近くもある長いもは、高速洗浄機でブラシをかけられてお化粧したあと、このラインに運ばれてくる。青い箱は国内向け、白い箱は輸出用。10キロ詰めされると製造情報のバーコードが貼られ、金属探知機で異物が混じってないかどうか調べたうえ製品貯蔵庫へ。

このような箱詰め作業は日曜祭日を除く毎日行われ、箱詰めの長いもはコンテナに詰められ毎日70〜80トンが全国各地に出荷されていく。

ここは帯広市南部、川西地区にあるJA帯広かわにし・青果部の工場。箱詰め作業場と並んで長いもの冷蔵貯蔵庫がずらりと並び、その奥にはカルビーの工場もあって暖かそうな湯気をあげていた。「川西の長いも」はブランド品、高く売れるとあって川西農協には近辺の農協からもぞくぞくと長いもが運び込まれてくる。昭和60年に川西、芽室、中札内の3つの農協で協議会を作って基準を決め、

川西長いもの収穫（帯広かわにし農協提供）

その後、足寄、浦幌、新得、十勝清水、十勝高島も加わり8農協の長いもが川西に集められるようになった。受け入れ前に生産者ごとの残留農薬と遺物混入検査をする。生産者番号がつけられていてトレサビリティ、つまり何かあったときに追跡ができる仕組みだ。こうして年間を通じて出荷・販売している。

２００６年には地域団体商標「十勝川西長いも」として商標登録。商標登録され、ほかの生産者はこの名前を名乗れない。これが２０１１年3月の東日本大震災の原発事故の際、国が認めた産地証明として海外で評価され、大いに役立った。２００７年に日本農業賞、２００８年の農林水産祭で天皇杯を獲得。同じ年、土もの野菜では世界初のSGS・HACCPという衛生基準の認証を得ている。

長いもは、ヤマノイモ科ヤマノイモ属の根菜で中国が原産。ヤマノイモ、ジネンジョ、ダイジョの3種類に大別され、このうちヤマノイモは、ナガイモ群、関東に多い大和芋＝イチョウイモ群、塊状のヤマトイモ群に分けられる。有名な静岡市丸子の「とろろ汁」は、3、4年かけて栽培するジネンジョ（自然薯）。静岡、山梨、山口などで栽培されている。もともとは山野に自生する山芋で、大量生産には向いていない。

川西長いも

十勝の川西でこのナガイモ群の栽培が始まったのは1965年ごろ。いろいろな野菜を作っていたが、どの野菜も生育が遅く市場で高値となる季節初めに出荷ができない。こうした中で産炭地の夕張から導入して栽培してみた長いもが、市場からよい評価を受けた。まさに偶然だったが、これならほかの産地との競争が少ない、長期間の保存がきくとして栽培が広がったという。

火山灰の土壌が栽培に適していたが、長さが1メートルにも成長する、いもの先が地下水に浸ると品質が低下するので、地面を深く掘って暗渠管を入れ排水した。種いもにも気を使った。１９８０年に「川西１号」という優れた系統を種いもとし、基本種、原々種、原種、採種、切片増殖と、５年かける体系を確立。またウイルス病対策として全部の畑を回ってあやしい株を抜き取っている。もちろん土壌病害を防ぐため同じ畑での連作をせず、４、５年に1度の順番で栽培する「輪作」もしている。

では川西長いもはどのようにして栽培するのか。少し見てみよう。

春、３月から4月にかけて種いもを1個１２０グラム程度に切断して準備。深く掘り起こした畑に5月これを植え付け、６月にはこの上に２メートルのポールを立てネットを張ると、地面から出てきたつるは、上へ上へと生い茂る。８月は「交流検定」、生産農家が互いの畑を回って抜き取り状況を確認する。少しでも病気の疑いのある株を見つけると抜き取る。ここが品質維持のキーポイントになっているのだ。品質に対する農家の意識も向上する。

葉っぱが枯れる10月に、つるを取り払い11月に収穫。バックホーという建設用の機械を改良した農機具で幅20センチ、深さ1メートルもの溝を掘る。そこに人が入って手で横に並ぶ長いもを1本1本収穫する。でも全部の畑で収穫はしない。４割の畑はそのまま残して春に収穫するのだ。土の中の長いもは、雪が保温材になって凍結もしない。春には濃い味になり新鮮な春物として出荷されていく。

栽培技術が確立されると豊作が続いた。しかし市場価格が下がって農家は豊作貧乏に。そこで１９９９年、神戸のバイヤーを通じて台湾に輸出したところ、これが大成功となった。台湾では長いもは山薬（シャンセオ）と呼ばれて薬膳料理の材料として人気がある。しかも日本では敬遠されがちな大きな長いも、４Ｌ規格が好まれるという。豊作で需要を上回ってあふれていた品物が大量に台湾に輸出され、国内価格の暴落を食い止めた。台湾でも長いもが生産されていて、川西長いもの価格は台湾産の4倍もするが、台湾の人たちは台湾産より色が白く、ずっとおいしいと言って買ってくれるという。台湾でも商標登録が認められ輸出が軌道に乗った。農家の手取りにもよい効果となり、収入は２割以上増えた。しかしさらに豊作になると、やはり価格は下落。これを救ったのが２００７年からのアメリカとシンガポールへの輸出だった。主に現地に住む中国系の人たちが食べているようだ。

生産量も飛躍的に増えた。１９７１年にわずか１・５ヘクタールの栽培で17トンの収穫だったのが、広域生産体制が確立された１９９８年には３６０ヘクタール、１万２０００トンに、そして２０１４年には５１７ヘクタール、２万８７０トンに増えた。全国の生産量の１割強。これだけになると市場での価格決定力がつく。

10アールあたりの平均収入も１９７１年に14万３０００円だったのが、２０１４年には89万７０００円に達している。まさに長いもさまさまだ。

長いもには、ポリフェノール系ドーパミンという物質や液化酵素のアミラーゼが多く含まれている。ネバネバ成分はたんぱく質や糖、とにかく健康にいい。筆者はてんぷらにするのがおいしいと思う。また細切りをおじやに入れるのもうまい。工場を案内してくれた独身の若い職員は、「暖かいご飯の

長いもの選別・箱詰め

上に長いもをすりおろし生卵と一緒にかき混ぜて食べるのが一番です」と教えてくれた。台湾では長いもをミキサーにかけたジュースが人気だという。

同じ品種の長いもは、北海道のほかの地域でも栽培されている。十勝では幕別、帯広大正、音更などでも盛んだ。だが市場での評価は、ブランド化してしまった「川西長いも」に軍配が上がっている。

北海道の地域団体商標

（平成28年 7 月30日現在、登録数28）	
十勝川西長いも（とかちかわにしながいも）	帯広市川西農協
大正メークイン（たいしょうめーくいん）	帯広大正農協
大正長いも（たいしょうながいも）	帯広大正農協
大正だいこん（たいしょうだいこん）	帯広大正農協
鵡川ししゃも（むかわししゃも）	鵡川漁協（むかわ町）
豊浦いちご（とようらいちご）	とうや湖農協（洞爺湖町）
はぼまい昆布しょうゆ（はぼまいこんぶしょうゆ）	歯舞漁協（根室市）
苫小牧産ほっき貝（とまこまいさんほっきがい）	苫小牧漁協
幌加内そば（ほろかないそば）	きたそらち農協（深川市）
虎杖浜たらこ（こじょうはまたらこ）	胆振水産加工業協組（白老町）
ほべつメロン（ほべつめろん）	とまこまい広域農協（厚真町）
十勝川温泉（とかちがわおんせん）	十勝川温泉旅館協組（音更町）
大黒さんま（だいこくさんま）	厚岸漁協（厚岸町）
めむろごぼう（めむろごぼう）	芽室町農協
めむろメークイン（めむろメークイン）	芽室町農協
十勝和牛（とかちわぎゅう）	ホクレン農業協同組合連合会（札幌市）
北海道味噌（ほっかいどうみそ）	北海道味噌醤油工業協組（札幌市）
東川米（ひがしかわまい）	東川町農協
びらとりトマト（びらとりとまと）	平取町農協
十勝若牛（とかちわかうし）	十勝清水町農協（清水町）
いけだ牛（いけだぎゅう）	十勝池田町農協（池田町）
釧路ししゃも（くしろししゃも）	釧路市漁協
大雪旭岳源水（だいせつあさひだけげんすい）	東川町農協
北海道米（ほっかいどうまい）	ホクレン農業協同組合連合会
ようてい男しゃく（ようていだんしゃく）	ようてい農協（倶知安町）
ようていメロン（ようていめろん）	ようてい農協
勇知いも（ゆうちいも）	稚内農協
十勝ナイタイ和牛	上士幌町農協

クラーク博士のつぶやき

農業と補助金

数限りない補助金や助成金、低利融資など、農業は過保護だという声がある。国や都道府県による公共投資によるインフラ整備、気前よく多額の予算が投じられる。戸別補償も行われ、農家の収入の半分は補助金だともいわれる。世界に類のないとも評される。

まず助成金は要件さえ満たせば受給できることが多く返済の必要もない。補助金は都道府県などが審査して採択すれば補助される（多くの場合は後払い）。

農林水産省の助成金、補助金の類は、林野、水産を含めて約４７０種類あるとされる。そのほとんどは農業が対象。機械、施設、基盤整備などのハードと、人材育成などのソフトがある。補助金、「農業・食品産業競争力強化支援事業」と並んで有名な「強い農業づくり交付金」の別表を見ると、まず産地競争力の強化では、①整備事業として、ほ場整備、共同育苗施設、畜産物処理加工施設、効率的乳業施設整備など26事業、②産地合理化の促進が7事業、③産地リスクの軽減が21事業といった具合で、まさにおんぶにだっこと言える。不必要な助成や不明朗な補助には目を光らせることは必要だ。

一方、上記②の中の新規就農者への支援は、農業人口が減っているなかで意味がある。45歳未満であれば１人年間１５０万円を最長7年間にわたって給付する。これとともに青年就農者給付金や農業機械の賃貸支援、住居費補助などがある。やる気があれば、土地を借りて確保すれば、給付や助成を受けられる仕組みだ。

欧米はもっと過保護だ。自国の農業を保護することは結局は国民の利益につながる。

圧倒的人気の十勝産小豆
だが価格下落で栽培減少

10月4日、十勝平野の清水町は快晴、国道38号線わきの小豆《あずき》畑は収穫直前の状態、茶色くなったさやは重く膨らんでいた。品種は「きたろまん」。評判の「エリモショウズ」よりさらに病気と寒さに強く、倒れにくい最先端の品種だ。入口の札に「5月22日は種」とある。

畑の主、森田哲也・りえ夫妻（ともに42）は、岐阜県からの入植者の四代目。72ヘクタールで小麦、じゃがいも、豆類、にんじん、アスパラガスの5品目を栽培している。小豆では農場管理の基準J－GAPとグローバルGAPの認証をとっている本格的な小豆農家で、インターネットでも小豆の販売をしている。ことしの作柄は上々だと話すが、その表情はそれほどはさえない。

12月15日、十勝・幕別町、東京の有名な和菓子屋さんが集団で自分たちが作った和菓子の試食会を開いた。招かれたのは十勝の小豆農家。「こんな菓子を作っています。十勝産小豆でなければこの味は出せません。市価より高く買いますので、どうか栽培を止めないでください」と訴えた。こんな試食会が開かれたのは初めて。十勝の小豆農家がいま置かれている状況を物語る場だった。

小豆の生産は減っている。なぜか。品種改良で凶作がなくなり10年以上も豊作続き。そのうえ砂糖

新品種の小豆「きたろまん」

入りの安い中国産餡《あん》が大量に輸入されているため、小豆の市価は2割ほど下がり、農家の中には「これでは生産費もまかなえない」と2016年は栽培面積が一挙に25％も減った。同じ豆でも政府の助成金が出る大豆に転換しようという農家も。ところが皮肉なことに天候不順で高騰が見込まれている。

小豆はまんじゅうなど和菓子をはじめ、菓子パン、ゆであずきなどに使われている。日本の消費量は年間11万トンから13万トン。これに対して2015年の国内の生産量は6万3700トンだった。これは前年比マイナス17％という大幅減少、ピーク時の16万トンの40％程度に落ち込んでいる。

在庫もあるが不足分は輸入。中国、カナ

十勝小豆をつくる森田哲也さん・りえさん

ダ、アメリカなどから神戸港などに関税割当制度によって輸入されている。政府が決めた一定量までは比較的安い関税、その量を超えると高い関税になる仕組み、さらに砂糖を加えた「餡」が年7万〜9万トン、冷凍小豆が1万トン、これらを乾いた小豆に換算すると年3万トンになる。価格が下がるのも無理はない。政府は政策を検討しているが、よい策は浮かびそうにない。

小豆、業界ではショウズと呼んでいるが、以前は投機的作物の代表格で、いまも商品先物取り引きの対象になっている。獅子文六の小説「大番」や、梶山秀之の「赤いダイヤ」では、天候に左右されやすく不作の時は価格が暴騰するアズキ市場を舞台とした人間模様が赤裸々に描かれた。テレビドラマや映画もヒットした。

高度経済成長の時代、十勝では小豆のその日の相場が農協からの有線放送で伝えられた。仲買業者はカバンに現金の束を詰め込みトラックで畑を回って買い付けに奔走した。1955年からの10年間に栽培面積は2倍半に増えた。

しかし低温に弱く霜の害を受けやすい小豆の栽培はむずかしかった。連作障害も出た。2015年も芽が出た直後の6月7日、十勝では遅霜と強風で全滅の畑も出た。しかしその後、持ち直している。品種の改良とともに栽培のノウハウも蓄積されてきた。

小豆は、弥生後期の登呂遺跡からも出土している。古事記にも記述がある。古来、めでたいときに食されてきた。明治末期から需要が拡大し商品作物として栽培が増えた。

北海道十勝農業試験場が品種改良に努め、1981年に新品種エリモショウズを世に出した。するとわずか3年間で全道の栽培品種のほとんどがエリモショウズになるという人気。やや小粒で豆が割れにくいのが特徴。明治のころは10アールあたり120キログラムが標準だった収穫量は、ぐんぐん増え、10アールあたり470キログラムの記録も出た。

ただエリモショウズは小豆落葉病に対する抵抗性が弱いため輪作が絶対条件。その期間は普通の輪作の2倍にあたる8年とされる。小麦やじゃがいもなど他作物を順番に作っていって、ようやく8年目にもとの畑で栽培できるという神経質な作物だ。

小豆の栽培品種（北海道）
エリモショウズ、サホロショウズ、むらさきわせ、きたのおとめ、しゅまい、きたろまん、きたあすか、アカネダイナゴン、とよみ大納言、ほまれ大納言、きたほたる

十勝は寒暖の差が大きく、これが小豆の糖度や風味を向上させる。皮が薄くアクが少ないおいしい豆が穫れる。小豆は十勝とともに、丹波大納言小豆で知られる丹波（京都府）、備中（岡山県）が三大産地とされる。しかし生産量は十勝がずば抜けて多い。

２０１５年の場合、全国の栽培面積は２万７３００ヘクタール、このうち北海道が２万１９００ヘクタール。生産量は全国が６万３７００トン、うち北海道が５万９５００トンと、ほとんどを占めている。北海道の小豆産地は１位十勝、２位後志《しりべし》ニセコ町、３位オホーツク海沿岸。

また十勝の中の生産量順位は、１位音更町、２位芽室町、３位帯広市、４位幕別町、５位本別町。

十勝小豆を使いやすい十勝は、お菓子王国。六花亭と柳月の２大メーカーが競っている。六花亭は、帯広が本社で売り上げは１８８億円（２０１０年３月期）、柳月は本社音更町、売り上げは75億円（２００９年９月期）。

中国産小豆は、煮始めるといやな匂いが出ると言われる。皮が暗褐色でアク抜き処理がむずかしいとされる。しかし安い価格で根強い人気がある。どこのメーカーが使っているかはわからない。

三重県津市の井村屋製菓は十勝の農家と契約栽培をしている。東京や京都の菓子店も十勝の農家と契約栽培しているケースが多い。製菓会社にとっても農家にとっても契約栽培はメリットがある。

小豆は栄養価が高く、赤い皮には老化やがんを防ぐとされるアントシアニンという物質が含まれる。自宅で小豆を炊き、おはぎやお汁粉を作っていた時代にはもう戻らないのだろうか。そういう家庭での利用を掘り起こし頑張っているのが冒頭の森田夫妻だ。

今の小豆余りには、冷害、凶作しか解決策がないと待っているのではなく、価格が下落しているときこそ需要開拓のチャンスではないだろうか。十勝小豆は品質が高いのだから輸出も可能性があるはずだ。

冷涼山地に築いたそば王国
日本のそば引っ張る存在に　幌加内町

「そば」が嫌いな人は少ない。そば好きの人たちにとっての聖地と言えるのが北海道北部の幌加内《ほろかない》町だ。そばの栽培面積・生産量ともに日本一、9月上旬に開かれる「新そば祭り」には5万人ものそば好きが全国から集まる。

北海道の背骨である高速道路の道央道を旭川からさらに北上し和寒《わっさむ》で降りて道道を西へ、和寒峠のトンネルを抜けると、幌加内のそば畑が広がっていた。季節は11月上旬、畑には刈りとった後のそばの茎《くき》が残っていた。刈り取った直後の畑は、そばの茎で一面夕日のように赤く染まる。

10数キロ北に進むと町役場のある市街地がある。消防署、町立診療所、生涯学習センターなどとともに巨大なそば関連施設が立ち並ぶ。だがこのあたりで開かれる熱狂的な祭りの余韻はなかった。

町役場の係長、伊藤宗徳さん、高木敏光さんに聞くと、現在121戸の農家が3480ヘクタールでそばを作っている。1戸平均30ヘクタール近い。2015年のでき具合は「まあまあ」だったが、値段が上がっているので、そば農家の喜ぶ顔が見える。収穫量は2900トン超。日本一だ。「信州そば」の長野県の全収穫量を上回る。

そばの収穫（幌加内町パンフより）

この町には日本一が3つある。ひとつはそばの生産量。もうひとつは南北に細長い町の北部に広がる朱鞠内湖《しゅまりないこ》が人造湖としては日本一の面積を誇ること（23・7平方キロ）、そしてその湖の東側にある母子里《もしり》地区で最低気温日本一を記録したこと（1978年（昭和53年）2月17日、マイナス41・2度）だ。町はこれら3つをむしろ売りにしている。

幌加内町は、東に士別・名寄など5市町の低い山地、西に天塩《てしお》山地に挟まれ、南北63キロ、東西10キロ、北部に行くと東西20キロの細長い山里。真ん中を石狩川の支流、雨竜《うりゅう》川が北から南に流れている。

北海道で一番人口の少ない町で、1600人を切っている。したがって人口密度も町では日本で一番低く、全国の市町村全体でも福島県南会津郡檜枝岐村に次いで2番目だ。

明治30年になって開拓のクワが入り、過酷な気象条件にめげず森林を切り開いて畑を造成。昭和16年、幌加内を通って深川と名寄を結ぶ鉄道の深名線が開通。18年雨竜第一ダムが完成して朱鞠内湖が生まれ水力発電が始まる。この水は北側の天塩川に向けて流される。コメ作りが盛んになったが、1969年、コメの減反政策が始まり、翌70年から一部の転作田で仕方なくそばの栽培が始まった。

ところが、そばは幌加内の気候風土にぴったり合っていた。夏が短い幌加内でのコメづくりは大変だったが、6月上旬に種をまいて3か月後の9月上旬前後には収穫というそばは、まさに天が授けた作物だった。20度以下という冷涼な気温が発芽を促し、朝霧がたちこめて日中の気温上昇を穏やかにする。そして、昼夜の寒暖差、おいしいそばは人気を呼んで作付面積は年々増え、10年後には日本一になった。

そば乾燥調整施設「そば日本一の牙城」

新そば祭りに7万人近く

そして1994年（平成6年）から始まった「新そば祭り」、全国から人が集まり始めた。9月上旬の土日に開く祭りは、その年の新そばを味わえるとあって、そばに一家言持つ人たちがぞくぞく。広島のそば打ち名人、高橋邦弘さんが来ることもある。各地の名人もやってきてそばを打つ。客は争うように食べる。そば打ち講習会や最高位5段まである素人そば打ち認定大会もあって大賑わい。2012年の第20回新そば祭りには最高の6万8500人が訪れた。2013年は、「世界そばフェスタ」も開かれ、ロシアなど世界12か国のそば料理が提供された。2014年は5万5000人、2015年は4万9000人が訪れた。

成功したこうした活動が認められて、JAきたそらち幌加内支所は2003年の日本農業賞（JAとNHKの共催）の集団組織の部で大賞を受賞した。

そば生産量（2013年）			
1位	ロシア	6位	アメリカ
2位	中国	7位	カザフスタン
3位	ウクライナ	8位	ブラジル
4位	フランス	**9位**	**日本**
5位	ポーランド	10位	ベラルーシ

そばは、タデ科ソバ属の一年草。だからちょっと見ると野草のタデと間違えるほどの頼りない植物。擬穀類の一種で日本では弥生時代から栽培されている。やせた土地で短い期間で実がつくことから「救荒作物」とされ、開拓時代や冷害などのとき多くの命を救ってきた。しかし近年は趣味の食べ物や健康食品として食されている。栽培に手間がかからない反面、収量も少ない。肥料を与えたほうがいいが、過ぎると味が落ちるという。

幌加内で栽培されているそばの90%は「キタワセソバ」という品種。牡丹そばの選抜品種で収量も多いが、最近、これに新品種が加わった。町の農業技術センターが7年かけて開発した「ほろみのり」だ。キタワセは開花期や収穫期にばらつきが出て、早く成熟した株は収穫する前に実が地面に落ち始める。草丈が1・2メートルあるため台風などの強い風で倒れやすい。

これに対して「ほろみのり」は草丈が10センチ短いうえ、収穫までの生育期間が70日から100日と、20日ほど短くなった。また収穫期がほとんどの株が同時なので地面への脱粒が少なく収穫量が1・3倍になった。このほか農研機構芽室研究拠点が開発した新品種「レラノカオリ」の栽培も始められている。

幌加内のざるそばは一味違う

そばは極端に湿気に弱い。そこでこうした品種改良と並んで、畑の地面の下に暗渠排水管を入れて水はけをよくする土地改良工事も進められている。またうねの間に赤クローバーを植え、その根をすき込むなどで、そばに適した土壌に改良することも行われている。

収穫したそばの品質を高めるための施設も次々に整備してきた。まず2000年に巨大なそば乾燥施設の「そば日本一の館」を建設した。国内にはこうした施設は例がないので、小麦の乾燥施設を参考にして作ったという。そして近年は急テンポに整備を進め、12年に「そば日本一の牙城」、13年に処理加工施設のむき実工場、14年に

幌加内そばの商品

低温貯蔵倉庫、こうして他所が真似できない日本一のそば拠点が完成した。

実際の流れを見てみよう。

6月上旬に畑にまかれた種子は順調に発芽してぐんぐん成長、8月に入ると白い花をつけ始める。このときいつ収穫するかの判断が、品質、収量を左右する。そばについている余分な水分の朝露を畑でできるだけ蒸発させるため、刈り取りは原則、正午からと決められている。実を落とさないようコンバインで慎重に刈り取ったそばの実は、急いで農協が運営する乾燥調製施設に運び込む。2つの施設には最大で1日288トンが受け入れ可能だ。

この玄そば（玄米と同じ言い方）は、ここで1次、2次、仕上げのていねいな3段階で急がずあせらず乾燥させ品質を均一化し、関東などへの出荷までの間、5基のサイロに貯蔵される。このサイロには約2・5万俵（1俵は45キロ）が入り1年中出荷できる。

また14年に完成した低温貯蔵庫の「雪乃御殿」は、冬場の雪を活用した施設。倉庫の中に雪を山のように積み上げておくと、夏でも雪がほとんど溶けずに中を低温に保つ。2015年から本格的な使用を始めたが、農協は「むき実工場」で皮をむいた、そばの「むき実」をここで保管している。皮がついたままの「玄そば」で保管するのが普通で、「むき実」での保管は日本で初めての試み。電気代を節約すると同時に、電気冷房に比べてそばの湿度が奪われすぎないという。「むき実」は「ぬき実」とも呼ばれ、製粉の一歩手前の段階のため、より高く売れる。

参考までに言うと、「むき実」を粉にした段階で風で粉を送る製法で、一番粒子が細かく色が白く甘い味がするのが「一番粉」で更科そばとも呼ばれる。次が「二番粉」、粒が粗くて色が黒っぽいのが「三番粉」で田舎そば、やぶそばとも呼ばれる。また全粒粉は玄そばを皮ごと粉に引いたもの。

よそとは違うそばの味

幌加内そばの勉強が終わったところで、役場のすぐそばにある有名なそば屋「八右ヱ門」を訪ねた。だが残念、入口は閉じられ「本日終了」の札がかかっていた。ここは町内の石臼びきの粉を手打ちする。太打ちの十割そばと、細打ちの二八そばで有名。

そこで少し歩いた所にある別の店「あじよし食堂」に入った。出された「ざるそば」は二八の手打ち、挽きたて、打ちたて、ゆでたての「三たて」に違いない。一口すると香ばしい香り、歯ごたえ、そばの聖地のレベルの高さがわかった。ちなみに町内には10軒のそば屋がある。

ＪＡのスーパーに入ると幌加内産の乾麺やそば粉がずらりと並んでいた。ほろかない振興公社で作っているものが多かった。

そばは健康食品として人気が高まっている。そばに含まれるルチンという成分が毛細血管を強化し血液の流れを改善するので脳卒中や高血圧の予防になるとされている。ルチンはポリフェノールの一種で、とくにそばの殻に多く含まれていて糖尿病や認知症の予防にも効果があるとされている。現在試験中の「北海14号」というそばには、ルチンが1・2倍含まれているという。

高まる人気でそばの国内生産は増えてきている。しかし日本で食べられている年13〜15万トンの70〜80％は中国などからの輸入だ。ところが中国はそばに対する輸出奨励金制度を止めて、健康にいいそばをもっと食べるよう国民に呼びかけていて中国からの大幅な輸入増は望めそうにない。ということは幌加内など北海道の産地がさらに増産しなければならないことになる。

結局、幌加内産そばは高級ブランドとなって、高い位置にとまった形になった。これまでの努力が実ったのだ。いまや逆にタイなど海外へ輸出している。輸入そばを幌加内そばと偽って事件になったこともあった。

私の友人のそば評論家、「北のそば、こだわり１００店」などの著書がある元北海道新聞記者の故渡辺克己さんは次のように話していた。

「幌加内はいまやそばの相場に影響を与える存在。政府も健康志向の立場から、そばを第3の穀類に位置づけ、幌加内を成功モデル地域にしようとして支援している。しかし30年以上もそばの連作を続けているので反収が減ってきている所もある。これからは地力の回復に真剣に取り組むとともに、そばをいまのような「切り麵」だけでなく多彩な食べ方を研究すべき段階にきている」

町内の幌加内高校では「そば」が必修科目。もともと農業高校だった伝統もあるが、生徒には全麵協主催の素人そば打ち段位の初段、二段はざら、三段もかなりいる。全国高校生そば打ち選手権大会での常勝校で、新そば祭りでもこの学校のブースには長蛇の列ができるという。

ちなみに町内には最高位の五段の細川雅弘町長ら高段者が多数。またそばを冷たい川水でさらす「厳寒清流さらし蕎麦」の取り組みが若手そば職人と農家の共同作業によって行われていて6月に加盟店舗で食べられる。

幌加内町は、そば通の人には有名になったが、首都圏の一般の人にはまだまだ知られていない。そういう人たちは、そばというと信州と答えるという。だから本当の全国区にならなければならない。でもそういうようになったときは、今度はどこかに地位を脅かされるのかもしれない。

幌加内町はそばに次ぐ第2の特産品として「もち米」の「はくちょうもち」、「風の子もち」の栽培を奨励していて、もち米生産でも北海道一を目指している。努力を続ける幌加内町の未来は明るい。

「だったんそば」（韃靼蕎麦）は、普通のそばと同じタデ科ソバ属の1年草だが、自家受粉する普通のそばとは全く違う種類の植物。血管強化作用など健康にいいルチンの含有量が普通のそばの50倍から120倍もあり注目を集めている。中国雲南省や四川省の標高2千～3千メートルの山岳地帯が故郷。強烈な苦みがあるので「苦そば」とも呼ばれる。ほとんどはそば茶に加工されていたが、農研機構芽室研究拠点にいた鈴木達郎さん（現在は九州沖縄農業研究センターに勤務）らのチームが、苦くない新品種「満天きらり」を、ロシア産の「だったんそば」から選抜した「北海T8号」をさらに改良して開発した。この「満天きらり」のそばは、黄金色をしていて栗をふかしたような香りと甘さがあり不思議に苦くない。この「満天きらり」は十勝浦幌町などで栽培されている。また「だったんそば」は全国で325ヘクタール栽培されているが、このうち250ヘクタールが北海道だ。

ニューフェイス「摩周そば」

日本のそばの4割は北海道で作られている。2014年の生産量の道内市町村順位は、1位が幌加内町、2位深川市、3位音威子府《おといねっぷ》村。4位旭川市、5位名寄市、このほか雨竜町、十勝の新得町、鹿追町も産地。最近評価が高いのが道東の弟子屈《てしかが》町の「摩周そば」。「キタノマシュウ」や「キタワセソバ」を、230ヘクタール、年250トンほど栽培し「摩周粉」という名前で販売している。弟子屈は幌加内と同じ冷涼な気候で、土壌もそば栽培に向いている。JA摩周湖は毎年8月に幌加内町に先駆けて「たぶん日本で一番早い新そば祭り」を開いている。これには以前広島にいたそば打ち名人、高橋邦弘さんらが参加することが多い。

「摩周そば」は、130年の歴史を誇る東京の名門そば製粉会社、宮本製粉のホームページでも、おいしいそばとして紹介されている。「平成2年、11人で発足。刈り倒し3日間、地干し半天日乾燥、常温送風乾燥、土壌開発、統計による刈り取り管理。香りを意識した上質なそばだ」。花がまだ咲いているうちに刈り取ることで少し青みがかった、この摩周粉、いまや地元でも手に入りにくい。

世界のそば事情

そばの生産量世界一がロシアであることは、あまり知られていない。しかも消費量は日本の6倍もある。食べ方が違うのだ。ロシアでは粉にせず胚乳をそのまま粥状にして食べる。「カーシャ」という呼び名で、いわば、「そばおかゆ」。フランスでは粉にしてクレープ状にした「ガレット」、イタリアではそば粉のパスタ「ピッツォッケリ」、日本、韓国、中国は麺だ。

クラーク博士のつぶやき

生産者の顔が本当に見える「愛菜屋」

農産物を販売するときに生産者の顔が見えることが信用を得る大事な要素だ。十勝の帯広市の西隣にあるＪＡめむろファーマーズ・マーケット「愛菜屋《あいさいや》」の壁には、本当に１０４人の出品者の顔写真がずらりと貼ってある。スイートコーン、かぼちゃ、メロン、ねぎなどすべての商品に出品者の名前が貼られているので、これと照らし合わせれば「ああいう顔の人が作ったのだな」とわかる。だから生産者もいい加減なことはできない。

「愛菜屋」は帯広に通じる南2線道路という幹線道路わきにある。だから帯広市民も買いに来る。１９９４年、６戸の農家が始めた無人の直売所が出発点。２００６年に現在の新築店舗に移った。朝、畑で採った野菜を並べる。日中も野菜を補充する。新鮮のうえ安い。農家も自家用に作っていたものが売れ、小遣いかせぎになる。

いまや全国への発送もする。アイスクリーム、パン、カレー、そばなどの店が横に並んで芽室町の新名所。農業系らしく朝は8時から始めるが夏は夕方6時まで、秋は5時まで。月、木がお休み。そして1月から4月は休業。

巨大食品コンビナートで農村ユートピアを実現　十勝・士幌町農協

北海道の背骨、日高山脈、札幌方面から越えた所に広がる広大な十勝平野、士幌《しほろ》町は、その中心地、帯広市の北25キロ、町のほとんどが平野という恵まれた位置にある。市街地に入ると、大きなサイロ、倉庫、蒸気が立ち上る工場、処理施設、ハウスなどが建ち並ぶ。かなりの面積をこういった農協の施設が占める。中心部にある建物を役場だと思ったが、そうではない。士幌町農協だ。町役場はやや入った所にある。農協と道路をへだてた場所には大型スーパーと思いきや、Ａコープ＝農協スーパーの「アスポ」だった。

町の人口は６３５５人、組合員は４１４戸（２０１５年６月）で、決して大きくはない。しかし組合員一人当たりにすると農協資産や売上高、貯蓄高で、北海道1位、というより図抜けた存在であり、土地成金が多い都市近郊の農協を別にすれば事実上全国一の存在だ（別表）。

町の中心部の士幌地区にある施設を紹介しよう。まず、じゃがいも関係がでんぷん工場、ポテト

JA士幌町とは（2015年3月）

資金の運用と調達	
運用資産	1248億円（うち現金・預金が65%）
固定資産	659億円
貯蓄	844億円
販売	344億円

販売の主な内訳（前年比＋7.6%）	
肉などの畜産物	168億円
牛乳	78億円
じゃがいも	31億円
てんさい	23億円
小麦	15億円

作付面積　1万4598ヘクタール	
飼料作物	35%
小麦	17%
ビート（てんさい）	14.7%
じゃがいも	14.5%
豆類	12.5%

チップス工場、フレンチフライ工場、コロッケ工場、16棟14万トンの貯蔵施設、2棟の種子馬鈴薯貯蔵庫、その一角では子会社の北海道フーズが新しい加工工場を建設していた。

このほかスイートコーン工場、小麦乾燥施設がサイロと8棟で処理能力年間1万2000トン、街はずれには寒地バイテク研究所の大きな溶液栽培団地があって、トマトや本わさびの苗を栽培している。おおきなビート受け入れセンターもある。これらに電力と蒸気を供給する1万1000キロワットの自家発電所まで自前で持っている。

　また町内には肉牛肥育センターが18か所もあり、農協と個人で合わせて３万４０００頭もの肉牛を飼っている。これは日本一だ。これにともなう食肉処理施設やたい肥の熟成施設、さらにリースの酪農団地などがある。

市街地に並ぶ農協施設

　それだけではない。士幌町農協が商品を送り出す先にも巨大な施設を持っている。まず船積みのために苫小牧と釧路に農業倉庫、消費地の埼玉県東松山市に関東食品開発研究所があってポテトチップス（カルビー向け）工場とポテトサラダ工場、熊谷市に貯蔵庫。京都府福知山市に関西食品工場（味の素向けのポテトサラダ）と泉佐野倉庫、まさに大企業をしのぐ態勢だ。

　どうしてこんなに大きくできたのだろうか。それは士幌町農協の組合長を務めた太田寛一氏の先見の明と、たぐいまれな指導力、説得力、実行力があったためだ。

　太田寛一（１９１５～１９８４年）は、１９３５年（昭和10年）上帯広産業組合に勤務したあと士幌町農協に移り、

士幌町の農協記念館に太田寛一記念室がある

47年間にわたって農協運動に情熱を注いだ。１９５３年から29年間、士幌町農協の組合長を務め、その間にホクレン会長（１９７２～81年）、全農会長（１９７７～79年）と農協トップまで上り詰める。

太田寛一は、農民の手による農産物の加工と流通を、全国に先駆けて提唱して成功させた。目指すのは「農村ユートピア」。敗戦翌年の１９４６年、民間のでんぷん工場を農協で買い取って成功させたのを手始めに、じゃがいもなどの原料を加工する工場を次々に作り、今日の巨大なじゃがいもコンビナートを築きあげる。「野の宰相」「北の闘魂」とも呼ばれた。

その手法は堅実第一主義、「利益が出ても、それを直ちに使ってしまわないで積み立てて1年我慢しよう」「それを元手に事業を広げよう」「1年先送りの農業」というものだった。また当時も今も、どこの農協でもやっているのが「組合員勘定」。組合員は秋の収穫をあてに生活費を農協から前借りする。組合員にとって農協は財布のようなものだ。しかし太田寛一はこれをさせなかった。組合員から恨まれたが、結果的には農民自身のためになった。

太田寛一を記念する「農協記念館」が町役場の前にある。広い広場と庭園、その奥にある洒落た建物は、1994年、士幌町農協60周年を記念して建てられた。中に入ってみる。士幌の農業を展示した体験ホール、催しができる大きな多目的ホール、食品加工実習室などとともに太田寛一記念室があった。彼の理念と功績が展示されている。写真、使っていたカバンと靴、出演した番組のビデオがあった。隣に彼を支え、さらに発展させた後継の組合長、安村志朗の部屋もあった。

市街地南部に広がるじゃがいもコンビナートを訪れた。デンマークやドイツのでんぷん加工技術などの視察から帰ったばかりという農工部長の久保武美さんは「私が農協に入ったときには、すでに太田さんは引退していたが」と話をする。

昭和31年に完成させたでんぷん工場は、ヨーロッパの技術を導入した日本で初めての連続式装置で、白色度の高いでんぷんは市場から高い評価を受けた。この工場ができたことで、昭和35年から近隣の4農協（上士幌、音更、木野、鹿追）が士幌町農協にじゃがいもを持ちこみ、5農協で施設の運営協議会を作った。平成13年からこれに芽室、十勝清水、新得の3農協も加わり、十勝のじゃがいもの3分の1を扱うようになっている。

じゃがいもは、2015年は最高の豊作だった。生食用は「男爵」、「メークイン」など5品種、これを8月上旬から4月末まで出荷を続けている。加工用は「きたひめ」、「トヨシロ」など7品種、委託加工で、カルビーのポテトチップス、味の素のポテトサラダ、ニチレイのコロッケなどを作ってい

農工部長の久保武美さん

る。

3代目となるでんぷん工場では、「コナフブキ」という専門品種を原料にして1万6000トンのでんぷんを製造している。でんぷんは粒子が大きなものが70%で、これはかまぼこやお菓子用。粒子の細かいものは、甘味料、コーラ、薬品などに使われているという。

そしてこれらの製造のために1500人を雇用しているという。もちろん町外から働きにきてもらわないと人手が足らない。

士幌町の開拓は、明治31年、岐阜県美濃市の人たち43戸が入植して始まった。今日のめざましい発展を見ると、太田が夢見た「農村ユートピア」は、すでに実現していると言ってもいい。

太田の理念はいまも受け継がれている。農業共済は、災害で農作物に被害が出た場合、補償を受けられるシステムだが、北海道では士幌町だけが町の直営で行っている。また士幌高校は道内でも珍しい町立の高校だ。ここで第2、第3の太田寛一が養成されている。

クラーク博士のつぶやき

バイオエタノール

露店で売られるとうもろこし、スイートコーンは夏を感じさせ実にうまい。とうもろこしは本来、人間の食べ物だったが、いつの間にか工業用も含むコーンスターチに大量に使われ、牛、豚、鶏などにも飼料として与えられるようになった。そしてアメリカではなんと40％が燃料に使われている。といっても直接燃やすのではなくて、「バイオエタノール」に精製してガソリンに添加されている。

とうもろこしから作る燃料＝バイオエタノールを燃やしても、地球上の二酸化炭素を増加させることにならないとされる。

アメリカは地球温暖化対策として２００５年から次々に法律を制定し、ガソリン混合再生可能代替エネルギーとして、とうもろこし原料のバイオエタノール生産を開始、ガソリンへの添加を義務化した。これが世界的な穀物相場の高騰を招いたとされている。これを受けて農家が栽培するとうもろこしは、収量が多くコスト削減になるＧＭとうもろこしが主体になった。

ガソリンへの添加率が20％とアメリカより高いのがブラジル。原料はサトウキビ。アメリカとブラジルがバイオエタノールの2大生産国だ。

日本でも3か所にバイオエタノール・プラントが建設された。このうちのひとつ、ホクレンと三菱商事などが十勝清水町で２００９年から始めた「北海道バイオエタノール会社」は、余ったビート（てんさい）と規格外小麦を原料にしたが、ブラジル産エタノールに価格面で太刀打ちできず原料調達もむずかしいことから生産を打ち切り、２０１５年に清算することを決めた。

アメリカでも自動車の燃費改善でガソリン需要が減り、シェール原油の増加もあってバイオエタノールの混合率は事実上10％が上限になっている。

三世代で築いた大規模畑作
「そば」が新たな活力に　弟子屈町・猪狩農場

遠くで畑起こしをしている2台のトラクターがかすんで見える。ここは道東内陸部の弟子屈《てしかが》町跡佐《あとさの》登《ぼり》の猪狩農場、時は6月中旬、猪狩英広《いかりひでひろ》さん（80）が指さす方向では、硫黄山など川湯三山を遠景に長男の広昭《ひろあき》さん（52）と、孫の大智《だいち》さん（24）が懸命に作業をしている。３世代が働く猪狩農場は所有地１１０ヘクタールと借地５ヘクタールを持つ大規模畑作農家。

小麦、じゃがいも、ビート、そばを輪作している。同じ場所で同じ作物を作ると「連作障害」が起きる。このため作物は基本的にこの4種類だが、毎年栽培する畑をくるくる変え4年でひと回りする。２０１４年からは小規模ながら大豆も始めた。とにかく広い。あたりには猪狩家のほかは家がなく、遠くの山すそまでが猪狩農場だ。

猪狩家は福島県郡山の出身。英広さんの父親、寿太郎さんは国鉄に勤めたあと軍隊へ、復員し農地改革で弟子屈町の別の地区で農地を得た。１９６０年から現在地へ。離農していった周りの農家の土地を受けついで徐々に大きくなった。

父親、寿太郎さんは戦地で右腕を粉砕骨折。左腕1本で農業に取り組み、99歳で亡くなるまで何やかやと仕事をした。後継ぎの英広さんもオートバイで転倒して馬車に追突するなどの後遺症で左足をひきずって歩くが、車やトラクターの運転はできる。

猪狩農場がこのように大きくなったのは、父親と英広さんの頑張りもあるが、後継者に恵まれ、息子と孫がいずれも農業高校を卒業していることが大きい。英広さんはすでに引退を宣言、農場経営を息子の広昭さんにまかせている。19年間担当した農協の監事もいまはやってない。でも何か手伝わずにはおれない、仕事が趣味だという。

広昭さんは２０１６年、「北海道指導農業士」に選ばれた。これは経営実績に優れ次世代の育成に熱意と指導力があり地域のリーダーとして活躍している人を、北海道が認定する制度。摩周そば生産組合長を務め、農業実習生を積極的に受け入れていることが認められた。

作物を見てみよう。２０１５年の栽培面積は、じゃがいもが35ヘクタール、小麦32ヘクタール、ビート27ヘクタール、そば25ヘクタール、大豆2ヘクタール。じゃがいもが平年作だった以外は、すべて平年を上回るでき具

猪狩農場

どこまでも続く猪狩農場の畑

合だった。出荷額は1億１０００万円をかなり上回ったという。

ここでは小麦→じゃがいもまたはビート→ビートまたはそば→小麦というサイクルで輪作をしている。じゃがいも、ビート、小麦は、生産調整による割り当てがあり、むやみに栽培面積を増やせない。またじゃがいもとビートは土地への負荷が大きく連作障害が起きやすいので、畑の使い方に神経を使っているという。

じゃがいもは生食用が10％、残り90％は澱粉用。生食用は男爵系のワセシロ、メークイン、比較的新しい品種のキタアカリで、注文を受けて首都圏の家庭へ宅配便で直送している。以前は郵便局のふるさと小包にも使われた。これらは糖度14・5％でおいしい。

もうひとつの澱粉用じゃがいもは、コナフブキという品種で糖分が22％から28％もあるが、食べてもおいしくない。値段も生食用が10キロ３０００円前後なのに対して、澱粉用は60キロ約１０００円と比較にならない安さ。澱粉工場に送られて澱粉にされ、かまぼこ、練り製品など各種食品に使われる。「異性化糖」と呼ばれる砂糖も澱粉から作られ清涼飲料向けなどに使われている。安い外国産澱粉の輸入が増える中で、予想外に価格が下がっていないので採算はとれるという。

ビートは峠を超えたオホーツク海側にあるホクレン中斜里製糖所と契約して秋に納入している。春の農作業は3月下旬のハウスでのビートの種まきから始まる。苗が育ってから畑への植え付け作業は15年から外注した。

とくに力を入れているのがそば。内陸部にある弟子屈町は冷涼な気候で火山灰地であることから、そば栽培に適していて、「摩周そば」として人気が高まっている。つなぎの小麦粉を使わなくても十割そばを打てるのが特徴だという。もちろん高く売れている。

品種は「キタノマシュウ」と「キタワセ」。このそばは、まだ花が咲いている株が残っている段階で早や刈りし、2日ほど畑に寝せて乾燥させてから、それをすくい取って乾燥施設に運ぶという独特のやり方をとっている。

このそばと小麦の大きな乾燥施設が猪狩農場の隣にそびえている。いずれも猪狩さんが生産組合に土地を譲って建てられた。まず1983年、町内の小麦栽培農家が利用する乾燥施設が建設された。現在、16戸が利用していて、2015年の収穫量は1416トン。

さらに2011年にそば乾燥施設が建設された。こちらは利用農家10戸、15年の玄そば収穫量は4857俵だった。このそばは人気が高いため、あまり貯蔵することもなく出荷されていくという。

さらに小麦用の大型コンバイン4台の利用組合もここに置かれている。猪狩農場は自分で別のコンバインを持っているため加入していない。このコンバインは1台3500万円もする。町内には屈斜路地区にもうひとつのコンバイン利用組合がある。

秋に収穫したあとは、提携している酪農家から十分に熟したたい肥をもらってきて畑にすき込む。畑作は土づくりが基本。年々土がよくなってきている。加えて温暖化で冷害を受けることが少なくなった。以前は十勝でしか作れなかった小豆が川湯でも作れるようになったという。

「理想的には3、4年おきに何も作らない休耕地を設けて土地を休ませたほうがいい」と猪狩さん。そこには緑肥としてマメ科の植物や秋に黄色い花を咲かせる黄からしの種子をまいて、冬前にそれらをすき込むのがいいという。

「農業は普通の企業とは違って、多くの従業員を雇っての企業化は危うい。家族労働でやるべきだ。いまの栽培作物でこのままやっていけるかどうかはわからない。TPP体制で農業を取り巻く環境が変わっても、生き残る強い精神さえあればなんとかなると思う」。猪狩さんはそれを息子や孫たちに期待している。

クラーク博士のつぶやき

ＮＯＳＡＩとＪＡ共済はどう違う？

農協やその支所の近くには、必ず「ＮＯＳＡＩ」という看板の事務所がある。これは農業共済組合の略で、農協と並ぶ大きな農業団体だ。

農業共済は、農業災害補償法にもとづいて農家から掛け金を集め、これに国が補助して共同準備財産を作り、自然災害で被害が生じたときに農家に損失補償をする、営利を目的としない相互扶助の仕組みだ。

ＮＯＳＡＩ	ＪＡ共済
農業災害補償法	農業協同組合法
対象は農作物、家畜、農機具、園芸施設、短期間の建物	対象は生命、自動車、建物（長期）
掛け金の一部を国が負担	国の負担なし
義務加入・当然加入・任意加入	任意加入

戦前の昭和4年制定の家畜保険、昭和13年制定の農業保険を、戦後の昭和22年に統合していまの体制となった。農協が行っているＪＡ共済とは関係がない。だが似ているので、部外者は混同するが、その違いは明らかだ。

北陸、中国、九州では1県にひとつの農業共済組合（ＮＯＳＡＩ）の形が多いが、地域が広い北海道には16のＮＯＳＡＩがある。

そのひとつ、釧路・根室地域を管轄する北海道ひがし農業共済組合（ＮＯＳＡＩ道東）は、事業所と家畜診療所が合わせて14か所あって獣医師を176人もかかえ、管内の49万頭の家畜を対象に年間30万件の病気を診ている。当番の獣医師は深夜も待機して農家からの往診依頼に応じている。コメ所の道央とは対照的に、ここでは大きな災害がないかぎり獣医さんの日常活動が中心だ。

畑作と肉牛飼育を結合
子牛も自家生産　弟子屈町・鴨志田農場

道東の名所、美幌《びほろ》峠を屈斜路《くっしゃろ》湖側に降りてすぐの、湖と西側の山にはさまれた小さな平野、その中の低い山、三角山のふもとに「鴨志田《かもしだ》農場」はある。正確に言うと「農牧場」と言ったほうがいいかもしれない。畑作と肉牛飼育の両方をやっているからだ。ここでは55ヘクタールで畑作をするとともに、肉牛220頭を飼っている。

大正時代、茨城県から入植しての四代目、鴨志田光栄さん(60)は、長男の敬郷さん(26)とともに、この農牧場を経営している。以前はじゃがいもだけを作っていた。このため冬の間、仕事がなくなる。父親は馬を連れて冬山造林の仕事に行っていた。畑はじゃがいもの連作だから地力が衰える。どうしてもたい肥が必要。

1973年、父親の代に肉用牛であるホルスタインのオス飼育を始めた。150頭まで増えたが、1991年の牛肉の自由化(関税化)で利益が出なくなると判断、現在の黒毛和牛に切り替えた。

畑に話を戻すと、55ヘクタールの畑は2015年の場合、じゃがいも16・5ヘクタール、ビート13ヘクタール、飼料用とうもろこし(デントコーン)4ヘクタール、大豆2ヘクタールで、残り19・5へ

育ち盛りの牛に自家製の餌を与える鴨志田光栄さん

クタールが牧草地。いずれも平年を上回るできだった。

小麦は7年前にやめている。じゃがいもはポテトチップにする加工用と澱粉用。牛のえさになるものはできるだけ利用。牧草はラッピングしてサイレージにしている。

牛２２０頭の内訳は、肉として出荷する肥育牛が90頭、子牛をとるための繁殖牛が80頭、残り50頭が育成牛だ。

ここの特徴は肥育するための素牛《もとうし》を市場で買わずに自家生産していること。最初に10頭の繁殖用黒毛和牛のメスを仕入れた。これに黒毛和牛のオスの精液を人工受精し、次第に繁殖用のメスを増やしていった。生まれたオスの子牛はもちろん肥育牛にする。メスは繁殖用と肥育用に分類する。繁殖牛

種牛の評価基準
枝肉重量
ロース芯の面積
バラ肉の厚さ
皮下脂肪（薄いほうがいい）
歩留まり基準値
脂肪交雑度

日本の和牛三大系統
気高系（鳥取県）
糸桜系 (島根県)
田尻系（兵庫県）

は6回から8回、子牛を産む。子牛は年間70頭ほど産まれる。

肉牛の素牛は以前、40万円ぐらいだったが、最近は75万円もする。これを外部で購入するのと、自家生産では利益率がかなり違ってくる。ここに経営のひとつの秘訣がある。

私が訪れたとき、生後8か月から13か月の、中くらいの牛に自家製のデントコーンのサイレージを与えていた。牛舎の中にサイレージの酸っぱい匂いがたちこめていた。これを腹いっぱい食べさせて胃を大きくさせる。大きな牛に育て上げるにはこの時期にしっかり食べさせるのが大切だ。

鴨志田さん方では28か月、つまり2年と4か月かけて牛を育てて出荷する。出荷前の囲いには丸々と太って８００キロに近づいている牛たちがいた。もちろん出荷前の肥育牛には輸入の濃厚飼料をふんだんに与える。この霜降り肉は最高のＡ５やその次のＡ４に評価されることが多い。この肉は川湯温泉のホテルでも使われているという。

ではどのような牛を得ることを目的にオス牛の精液を選ぶのか。これがむずかしいところだ。タネ牛の評価基準としては、肉として採れる部分、つまり枝肉の重量などいくつもの項目がある。ホクレンの外郭団体が管理している種牛のリストには豊富な種類があって特徴が詳しく記されている。どれを選ぶか、自己責任できびしい判断が求められる。鴨志田さんはメス牛の能力をカバーするようなオス牛を選ぶという。畑からは牛のえさを最大限取り入れ、足りない分は購入飼料。こうして飼料自給率は低く見積もっても50％に達する。そしてし尿やたい肥は畑に還元、畑からはえさ。鴨志田農場内で循環している。環境に与える影響も少ない。売り上げは年1億円強になっている。

また畑作と肉牛という二本立ては経営上の危険分散でもある。肉牛の頭数も畑の範囲内に抑える。単なる大規模化は描いていない。

鴨志田光栄さんは、自分は決して篤農家ではなく精農家だと謙遜する。精農家は「草を見て草を採る」。これに対して篤農家は「草を見ずして草を採る」というのだ。効率化、大規模化だけが求められているなか、鴨志田光栄さんは篤農家の域に近づいているように思った。

クラーク博士のつぶやき

「開基百年」の石碑

「開基百年」という石碑が北海道の各地にある。「開基」とは開拓をして基礎を築いたという意味で、入植から１００年たって、以前では考えられない豊かな生活をしている、いまの子孫たちが祖先の苦労をしのんで建てたもの。明治初期から１００年たった１９８０年ごろから次々に各地に大小の石碑が建てられた。

札幌市厚別区の道立野幌《のっぽろ》森林公園には、１９７０年、北海道が建てた高さ１００メートルの北海道百年記念塔がそびえ、稚内市や滝川市などには百年記念塔が、帯広市には百年記念館がある。

北海道は先住民族のアイヌの人たちが狩猟民族で農耕をしなかったため、明治初期は手づかずの原生林だった。巨木を切り倒し、最初の道を切り開いたのは囚人たちだった。集治監という名の刑務所が樺戸（月形）、空知（三笠）、釧路に、さらに網走、十勝にも設けられた。内地から連れてこられた囚人たちは逃げないように足に鉄の重しをつけたまま道路建設に働かされ、網走と旭川を結ぶ中央道路１６２キロはわずか８か月で開通させた。硫黄の採掘にも囚人が使われた。のちに見つかった人骨には鉄の重しがついたものもあったという。

そのあとに集団入植、さらに屯田兵による開拓が行われた。彼らは家ができると次に神社を建てた。入植者が一番多かったのが青森県、２位新潟県、３位秋田県、４位石川県、５位富山県だった。道具はナタ、ノコギリ、くわ、のちに馬の力が導入された。第２次大戦後も外地からの引揚者など多数が入植した。カナダを思わせる広々とした景色が生まれるまでには、風雪に耐え忍んだ先人たちの苦労があった。

欧米製の巨大農機具を駆使
米国並みの大規模畑作　十勝・芽室町・鈴鹿農園

巨大で美しいコンバインが小豆の収穫をしていた。帯広の西隣り、芽室町の小豆畑。透き通った丸みを帯びた運転台で機械を操作していたのが鈴鹿誠さん（51）。大きな農業機械を多数所有して大規模な畑作をしている有名人だ。

この機械はイギリス製のCLAAS LEXION 670 TT、330馬力。日本でもそんなに沢山はないコンバインだ。4800万円する。エンジンを停めて降りてきてくれた。

「ことしは全部で170ヘクタールで畑作をしています。機械でやるからたいしたことはないですよ」とこともなげに話す。前向きで誠実な人らしい。170ヘクタールというと、アメリカの平均と同じだ。自分と仲間の所有地、それに借地を合わせた土地で、作物を作っている。

内訳は、小麦が89ヘクタール（ゆめちから、きたほなみ、キタノカオリ、はるきらり）、じゃがいもが40・6ヘクタール（トヨシロ、スノーデン、男爵、メークイン、北海コガネ、マチルダ）、大豆36ヘクタール（ユキシズカ）、長いも8・6ヘクタール（かわにし）、ニンニク2ヘクタール（ホワイト6辺）、かぼちゃ1・6ヘクタール（くり将軍）、小豆1ヘクタール（きたろまん）。このほか、しいたけも生産している（原木

イギリス製コンバイン、4800万円もする

3000本)。

私が訪れた小豆畑は、一番小さな区画での栽培だった。またこれらの面積を全部足すと178・8ヘクタールに達した。

この面積で農作業をしている人は、家族、社員、パート、アルバイトのわずか8人。忙しいときは派遣会社から人を送り込んでもらう。そして会社を2つ持っている。どちらも有限会社の鈴鹿農園と鈴鹿プランニングサポートだ。農園は自分の畑の仕事。プランニングはコントラクター。

コントラクターというのは、他の農家から耕作などを請け負う。たとえば、じゃがいもの収穫、小麦を収穫したあとの麦わらをロールにする仕事など。春先に雪が早く溶けるよう畑に融雪剤をまく仕事もするが、

2015年の春は1000ヘクタールという広大な面積に頼まれて融雪剤をまいた。

そしてこれらの仕事をこなす機械群がすごい。まるで欧米の巨大農機具展示場だ。大型の農機具はほとんど北海道向けで、買う人は限られているので、クボタやヤンマー、井関などはまだ作っていない。冒頭のCLAAS LEXIONの460TT（300馬力）を自分で持っている。これは2700万円する。

鈴鹿誠さん

CLAAS LEXION 670は、自身も所属する「はる麦の会」がリース会社からリースされている機械だが、償却年数が終われば、自分たちのものになるという。

トラクターが13台もある。このうちフェント（独）、ジョン・デイア（米）、JCB（英）の5台は、公道を時速50キロ以上で走ってもいい認定を受けているので、畑から畑へ短かい時間で移動でき、交通渋滞も引き起こさない。

さらにポテト・ハーベスター、ポテト・プランター、グレンドリル、トレンチャートラスト、ロールベーラー、ショベルカー、雪上車、トラックなども持つ。機械だけで2億円ぐらいは投じている。でもこれらの機械があるから大規模畑作やコントラクターの仕事をこなせるのだ。

鈴鹿家は一挙にここまで大きくなったわけではない。高校を卒業するとき、畑は野菜中心の40ヘクタールだった。長男の誠さんは父親の論三男《ゆさお》さん（77）に言った。「100ヘクタールに増やして効率のよい農業をやろう」と。卒業後わずか3年で90ヘクタールになり、早くも目標に近づく。

とにかく働き者だ。そして機械好きだ。機械は税法上7年の減価償却だが、実際には10年から15年は使える。減価償却期間を過ぎると、その分、会計上、所得が増えるので、これを避けるため次の機械を買う。こうして機械は増え、機械があるから耕作面積を広げることができる。

作業の際、トラクターなどにGPS＝全地球測位システムを取り付けることを2015年から始めた。これをつけると、小麦や大豆の種まき、じゃがいもの植え付け、長いものうねづくりに役立つ。従来の人の目測だと、ゆるやかに曲がってしまうことが多かったが、まっすぐに、きれいな作業が楽にできるようになったという。

また自宅のそばに小麦の乾燥施設がある。生産者の共同利用で、2015年は1200トンの利用があった。

このようにして2015年の売り上げは、2社合わせて2億9000万円ほどになったという。こんなに沢山の重機械をかかえて採算が取れるのですかと聞いたところ、「過剰投資と設備の充実は紙一重の差と考えます」という答えが返ってきた。

欧米製の巨大農機具を駆使

鈴鹿誠さんは農協の理事もしていた。さらに仲間10人で「十勝はる麦の会」を作って、春まき小麦「はるきらり」の「特別栽培」をしている。「特別栽培」というのは、農薬と化学肥料の量を北海道が定めた「地域慣行レベル」の50％以下にするという厳しい基準を自らに課して栽培するもの。地元農業の質の向上にも尽くしている。

このような特別栽培の小麦やじゃがいもなどの大規模化、長いも、にんにく、それにコントラクター事業などで、ＴＰＰ体制になってもやっていけそうだと話す。栽培面積も１８５ヘクタールに広げる計画だ。

誠さんの長男、次男は、新しい作物の「ルハーブ」や、とうもろこしの新品種「ポップコーン」の栽培に意欲を燃やしている。誠さんはいつまでも働いてばかりではと、老後はハワイへの移住も考えている。

クラーク博士のつぶやき

廃校活かしたせんべい工場

オホーツク海側、網走市の東にある小清水町《こしみず》で、廃校になった小学校の校舎が地元のじゃがいもでんぷんを原料にしたせんべい工場になった。小清水町は２０１２年3月、町内の小規模校5校を廃止して中心部の学校に統合した。

廃校のひとつ、１０２年の歴史の北陽小学校は、小さいながらも鉄筋校舎でプラネタリウムもある立派な学校だった。国道沿いのここを買ったのが福岡市の明太子メーカー「山口油屋福太郎」。明太子とともに明太子の辛い粉を入れたピリ辛せんべいを作ってきたが、原料のじゃがいもでんぷんの入手がなかなか難しい。目をつけたのがこのでんぷん産地の小清水町。でんぷんの入手約束を交わしたうえで、この小学校を買い取り、北海道産のホタテも入れたせんべい製造工場にした。

以前の教室には包装機械が置かれ、せんべいが次々に包装されていくのをガラス越しに見ることができる。トイレは大幅に改装されてピカピカ。お客は即売場で買い物をし、無料のコーヒーを飲むことができる。九州のとんこつラーメンや柚子こしょうもある。何よりも地元の人を大勢雇用している。「割れせん」も安く売っている。小学校の建物は保存され、子どもたちが描いた絵も展示されていて、暖かさあふれる工場だ。

新型ハウスと経験が生み出す人気の甘いトマト　奈井江町・岡本農園

空知・奈井江《ないえ》町のふるさと納税、町から納税者へのお返しの品のうち、「おかもとさんちのとまと」は品切れのことが多い。もともと期間限定のところに人気抜群で、町のホームページには「大変申し訳ありません。受付終了です」の表示が出る。

このトマトは奈井江町茶志内《ちゃしない》の岡本哲夫さん（70）が作っている。奈井江町は北海道の中央＝道央・空知《そらち》の中心部、石狩平野のやや北部にある。札幌と旭川のちょうど中間の位置。

道央道の奈井江砂川インターを降り、水田地帯を少し南に行くと、「北海幹線用水路」の近くに「奈井江岡本農園」の大きなハウスが見えてきた。岡本さんは作業場で一人でトマトの箱詰めをしていた。めがねをかけたやさしそうな老人。ひとついただいて口にすると、いや甘い、それに水分が多い。ピカピカに光っている。町のホームページには「常識を超えたフルーツのような甘〜いトマト」とあった。

岡本さんは3棟45アールのハウスで「桃太郎」T―93という品種のトマトを年間30トンほど生産している。

岡本哲夫さん

もともとはコメ農家だったが、減反でほかの作物も作らなければならなくなった。ハウスでメロンの「夕張キング」の栽培を始めた。その後、夕張市農協以外ではその名前を名乗ることができなくなり、値が下がったため20年ほど前からトマトに切り替えた。だが普通のハウスでは温度変化が大きく、収量がなかなか安定しない。

２００６年、ハウスの建築が北海道の補助対象になったことから、岩見沢農業高校時代の同級生３人で「空知高糖度とまと生産組合」を設立、現在の新しいハウスを実現させた。同級生は新十津川町の清野征博さんと美唄市の五十嵐征一さん。もちろん岡本さんと同い年だ。

福島市の会社が考案したハウスのシステ

ハウス内部

ムが、おいしいトマトづくりの背景にある。頑丈な鉄骨づくり、幅15メートル、肩高さ2メートル80センチ、長さ70メートル、真ん中は高くなっていて積もった雪が外に滑り落ちる構造。屋根は透明なポリエチレンが2層（3層の場合も）、壁の部分もポリエチレンのカーテン。いずれも夏は下げる仕組み。

さらに水と肥料の手間が省ける「グリーンバッグシステム」という簡易養液とバッグを使う栽培方法を採用している。水と肥料をパイプで供給することで作業が楽、病気にも強いが、仮りに問題が起きればそのトマトをバッグごと抜き去ればいい。

トマトは2月初旬にひとつのバッグに1本の苗を植える。まだ寒い時期からじっく

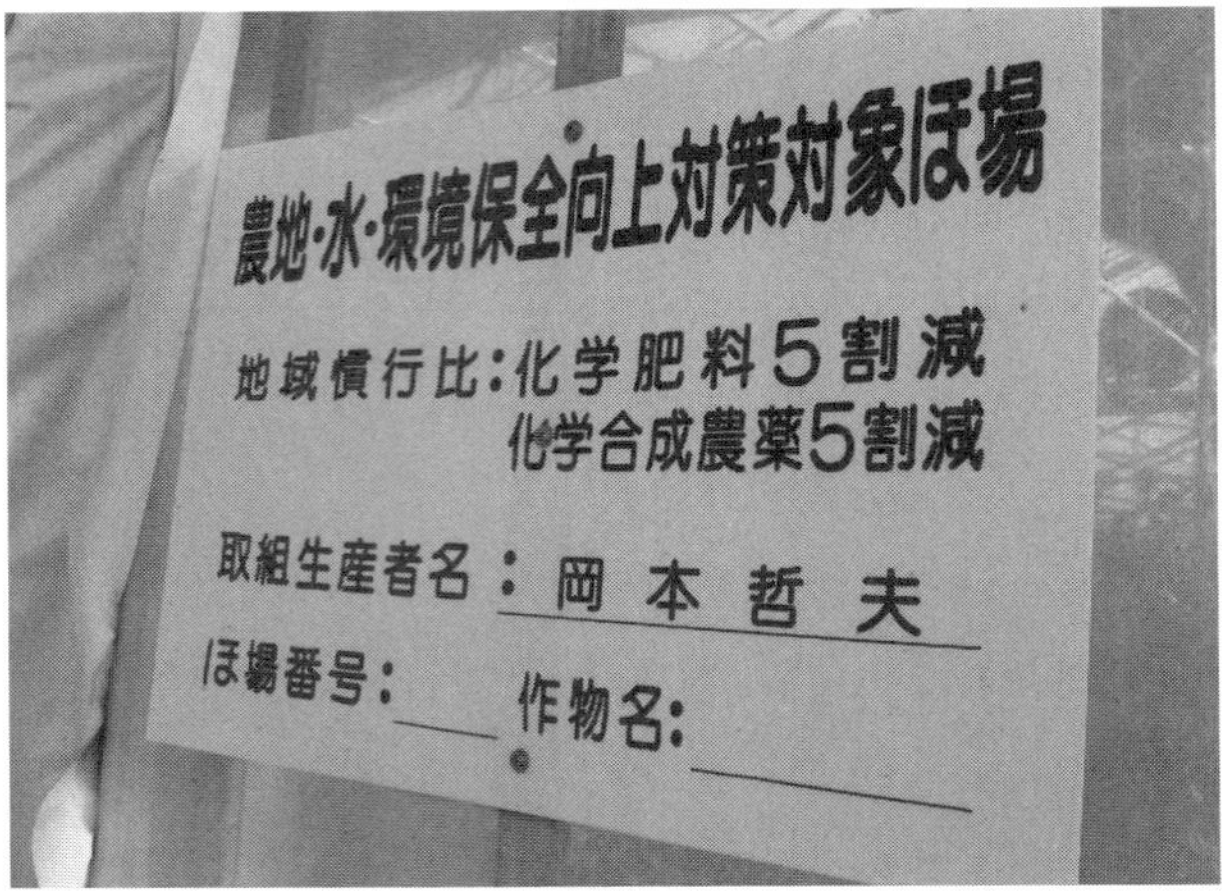

り育てたほうが糖度の高いトマトができるという。有機肥料やリン酸カリウムを与え、春先には追肥する。ボイラーで灯油をたいて室温を夜も13度以上に保つ。つるが伸びてくると枝をはらって1本仕立てにする。暑くなれば屋根や壁は全開。

5月末から出荷を始め、6月中旬にピークを迎え9月末に終える。1本のトマトの木に10段ほど実がなる。「水切り栽培」といわれるほど水は少量しか与えない。しかし水が少なすぎると実《み》に障害が起きる。そこのところがむずかしい。暑すぎると糖度が下がるという。

収穫したトマトは大きさごとに分ける。2L、L、M、M1、S、S2、S3の7段階。大阪と札幌への出荷が多い。トマトは収穫して3日ほどたったほうが雑味が取れ、まろやかになるという。

ハウスの中は緑に覆われ食欲をそそるトマトの匂いがあった。ハウスわきの水と肥料などを送り込む装置には「地域慣行比、肥料5割減、農薬5割減」と表示されていた。

また栽培していない冬の雪対策にも神経を使っていた。このあたりは北海道でも有数の豪雪地帯。

積もった雪を放っておけば丈夫なはずの鉄骨ハウスでも倒壊する。その工夫のひとつは、屋根から落ちる雪がハウスわきに貯まってハウスを横から圧迫しないようにわきの地面にビニールを張り、雪が滑ってハウスから遠ざかるようにしていることだ。もちろんハウスとハウスの間隔は十分にとり、こまめに雪を別の場所に運んで雪が貯まりすぎないように気をつけているという。

岡本さんらは生産組合の3人で年間1億円の売り上げを目指している。「栽培技術の秘密は何もありません」と語るが、研究に研究を重ねた無数のノウハウが頭の中に蓄積され、それを実行しているに違いない。

トマト生産の全国順位（2015年）	
1位	熊本県
2位	愛知県
3位	岐阜県
4位	**北海道**
5位	千葉県

北海道のトマト栽培（2011年）	
1位	平取町（日高）
2位	余市町（後志）
3位	二木町（後志）
:	:
11位	奈井江町（空知）

クラーク博士のつぶやき

ラベンダーでかせぐ 富良野地方

北海道の真ん中に位置する富良野《ふらの》市、その北、旭川寄りの中富良野町、上富良野町、美瑛《びえい》町も含めて２０１４年には１７２万人もの観光客が訪れた。

ラベンダーの花が咲くのは6月下旬から8月上旬にかけて。この時期を中心に観光客がどっと繰り込むのだが、冬にもラベンダーを咲かせることに成功してからは、年中温室で花を見られるし、テレビドラマ「北の国から」のロケ地めぐり、十勝岳連峰を背景にした美瑛の丘の観光、冬のスキーなどで年中、客を集めている。中高校生の修学旅行のための「教育観光」の態勢も整え、北海道観光の一大拠点になっている。

観光が盛んになるのにつれて、牛肉、ワイン、チーズ、メロン、玉ねぎなども特産品になった。

しかし富良野の宝、ラベンダーが消滅の危機に陥ったときがあった。ラベンダーは戦後の１９５２年、中富良野町で栽培が始まり、最盛期の70年には２５０戸が２３０ヘクタールで栽培して５トンのラベンダーオイルを抽出した。だが貿易自由化で安い原料が海外から入るようになったため73年には香料会社が買い上げを拒否。農家はラベンダーを畑にすき込み、美しい風景はほとんど姿を消した。

こうした中でなんとか畑を守っていた中富良野町の富田忠雄さんのラベンダー畑の写真が、76年、当時の国鉄のカレンダーに取り上げられ、これがきっかけで全国から観光客が来るようになった。畑も次々に復活し香水も作られるようになった。

中富良野町の「ファーム富田」は大きな観光施設に成長し、２００３年には天皇・皇后両陛下も来られた。夏の臨時列車ノロッコ号も近くの臨時駅「ラベンダー畑駅」に停まる。

冬の雪で夏のいちご栽培
市民運動的な「雪ん娘」栽培　岩見沢市

子どもや女性の大好物、いちごは、今では1年中食べることができる。ケーキには欠かせない。日本で生産されるいちごは年間約20万トン、そのほとんどはクリスマスをはさむ冬から春にかけて作られる。そして夏から秋にかけての5月～10月は収穫が大幅に減る。その量はわずか1万トン以下。そこで足りない部分はアメリカなどから大量に輸入されているのをご存じだろうか。

いちごは摂氏20度前後を好み、暑さが苦手。このため夏も涼しい北海道では、夏から秋にかけていちごの栽培が盛んだが、それでも夏は暑い日があって、いちごの収穫量がぐんと落ちる。

そこで考えだされたのが冬の雪の利用。岩見沢《いわみざわ》のいちご、「雪ん娘」（ゆきんこ）は、冬の雪を夏に使って栽培されている。

石狩平野ど真ん中の岩見沢市は北海道一の豪雪地帯。冬はときには2メートルを超える積雪となる。住宅や道路にあふれる雪はダンプカーで街はずれの雪捨て場に運ばれ、高い雪の山ができる。この雪の山は暑い夏になっても一部が残るぐらいだ。２０１０年からこの雪の山の利用が始まった。

岩見沢は道央の農業先進地。コメの栽培面積・収穫量は全道一、白菜も同じく全道一、農業就業人

運び込んだ雪は貯雪槽に

貯雪槽の冷気はダクトでハウスへ

口3175人も全道一。カーネーションが全道3位などなど。そして歴史を誇る岩見沢農業高校があって、人々はこれを愛情を込めて「がんのう」と呼ぶ。

ここで春に収穫するいちごの品種は「けんたろう」、夏秋いちごは「すずあかね」。雪で夏秋いちごのハウスを冷やそうというアイデアは、すぐ実行に移された。また「すずあかね」ではなく、愛称を「雪ん娘」とすることが決まった。

岩見沢のいちご「雪ん娘」

春先、まず雪山をビニールシートで覆う。こうすると、9月上旬まで雪が溶けずに残るという。7月になって暑い日がやってくると、4か所に合わせて2500トン貯めてある雪山のシートをめくって少しずつ雪を取り崩し、トラックでいちご栽培農家のビニールハウスのそばまで運び「貯雪槽」に入れる。雪は2日に1回運び込む。

貯雪槽はお風呂ぐらいの木の箱が多いが、地面を掘って作った本格的なものもある。貯雪槽から発生する冷たい空気は、別の箱のラジエーターを通ってハウスの壁に管で導かれ、天井の送風機でハウス全体に冷たい空気がいきわたる。実に簡単な仕組みだ。これによってハウス内の温度は、確実に3度は下がって20度台を保つことができる（冷風冷房）。状況によってハウスの横を開け風を通しても大丈夫だという。

さらに効果を高める方法として、ハウスの地面の下にパイプを埋め込み、冷たい雪溶け水を循環させることもできる。貯雪槽には「すのこ」を敷いてあって雪溶け水がすのこの下に貯まる（地中冷房）。また、いちごの株の付け根の横にパイプを通し、そこに冷水を流すと、クラウンと呼ばれる株の付け根に冷水が触れて刺激し花芽が出やすくなる。これがもっとも効果的だとされる（局所冷房）。いちごの栽培は腰をかがめることが多く腰を痛めるため、いまは腰の高さに台を並べ、この上でいちごを栽培する「高設栽培」が多い。この台の上のパイプに冷水を通すのだ。

いろいろな方法がすでに工夫されているが、雪の利用によって収量が増えている。クラウンを冷やす局所冷房をしている倉田正美さんの場合、以前は1株あたり1パックしかいちごが採れないこともあったが、この方法で2〜3パック採れるようになったという。ただパイプが夜に結露することがあるため、夕方までにはパイプが乾くようにしている。雪で冷やされた風には適度な水分も含まれる。だからいちごにやさしく、酸味の少ない大粒のいちごとなる。

この設備を作る費用は、やり方や規模によっていろいろだが、雪の運び代金を入れても電気でクーラーを回すのに比べて30％安くなり、いちごの収量増加で十分引き合うという。出荷先は札幌など道内が多い。

私の取材に集まってくれた人たち

この「雪ん娘」のアイデイアを言い出したのは、当時の渡辺孝一市長だった。市長になる前は歯科医、ＰＴＡ連合会長だった渡辺氏は、学校間の交流で、冬の雪を利用した「抑制栽培」がいろいろな分野で進められていることを知り、市長になってからこれを夏秋いちごに応用したらどうだと言い出した。それまでは夏に日差しが当たりすぎないようにハウスに遮光シートを張っていた。「雪ならいくらでもあるではないか」、農協関係者はたちまち反応した。渡辺氏はその後、代議士になって国政の場で活躍している。

ということもあって、「雪ん娘」栽培は、市民運動のようになっている。岩見沢緑陵高校の生徒たちは「地域貢献研究」で「雪ん娘」の商品化に取り組み、いちご味のポテトチップスなど3種類を考案した。

実は私はこの取材の際、到着が約束時間より4時間も遅れてしまった。だが農協に着いて驚いた。農協の地域支援、青果担当、市役所、設備会社など5人もの方が待っていてくれたのだ。いちご味のポテトチップスも用意されていた。これは街ぐるみの運動なんだなと思った。

その後、「地中熱交換システム」のパンフレットを送ってくれた人もいた。これは樹脂製の熱交換パイプを地面の下2メートルに埋設し、これに風を送り込むと、夏は冷たい空気、冬は暖かく感じる空気をハウスの中に吹き込めるというものだ。新しい技術はどんどん生まれている。

この「雪ん娘」いちごを栽培している農家は、2015年はまだ13戸。ハウス26棟で面積は104ヘクタール。岩見沢はコメどころだが、最近は機械化で少し手が空くようになった。そこで田にハウスを建てて、エコないちご栽培に乗り出す農家がこれから増えていきそうだ。

「アメリカには実の中まで真っ赤ないちごがあるそうだ。いつかはこれを雪冷式で栽培してみたい」、関係者の夢は果てしない。

クラーク博士のつぶやき

温泉熱で野菜栽培

温泉熱を利用したハウスで1年中、野菜づくりをしている会社が、道東・弟子屈《てしかが》町にある。500メートル離れた温泉熱発電所で発電に利用したあとの90度近い温泉水が長さ117メートル、幅21メートルの巨大なハウス4棟、合計面積1ヘクタール弱に流れてくる。このハウスで野菜を栽培しているのが「野村北海道菜園株式会社」。

冬の北海道は野菜が採れない。サニーレタス、グリーンレタス、ホウレンソウ、ルッコラ（イタリア料理のサラダによく使われるハーブの一種）の4種類を栽培し、道東を中心に道内に出荷している。包みには「温泉そだち」の文字が。窒素肥料を与えすぎると、えぐ味が増す。「そのサジ加減がカギです」と社長の十川洋さん。夏はホウレンソウ主体にするが、夏のホウレンソウは高値になるので運賃をかけて首都圏に出荷することも可能だという。

出力100キロワットの温泉熱発電所の方は機械の不調で本格稼働が遅れている。このため流れてくる未利用の高熱の温泉は、まずハウス内部の壁際で熱を発散させたあと、うねごとの少し細いパイプを通って地面を温める。厳寒のときでもここは春の暖かさ。どんな作物でも栽培可能だ。

同社は2014年8月から発電所の隣接地でホウレンソウ栽培を始めた。18棟が一つにつながったビニールハウスで作業はやりやすかったが、15年3月、記録的な地吹雪で倒壊してしまった。自然の力には勝てない。そこで移転新築したのが4棟に分けた現在のハウス、16年1月から出荷を始めた。

弟子屈町は無尽蔵といえるほど温泉資源が豊富。温泉熱利用はいろいろな分野に広がりそう。

クラーク博士のつぶやき

人工授精・受精卵移植・クローン

三つは、いずれも乳量の多い牛、肉質の良い牛の大量生産を目指す品種改良技術。人工授精は優秀な種オス牛から採取した精液を人工授精師や獣医師がメス牛に注入して妊娠させる。広く一般的に行われているが、近年、世界的に乳牛の受胎率が下がり、以前は5産、6産が普通だったのが、平均2・4産に。このためせめてもう1産させることができないかといわれている。

受精卵移植はメス牛から採取した卵を顕微鏡を使って授精させ、その卵を培養器で7~9日間育てたうえ、メスの子宮に入れる技術。人工授精に比べて確実だが、わずかしか生産できず費用も高い。

クローンは一番新しい技術で遺伝的に同一の個体を作成する。１９９６年、イギリスで体細胞から「ドリー」と名付けられたクローン羊が誕生。日本では１９９８年7月、体細胞から2頭のクローン牛を作ることに、近畿大学農学部が石川県畜産総合センターの協力で成功した。牛では世界初だった。受精卵からのクローン牛はこれより早く１９８７年、アメリカで成功している。

農水省の家畜改良センター（福島県）、北海道立総研・畜産試験場（新得町）などで牛の品種改良の研究をしているが、活発な活動をしているのが１９９９年、十勝の上士幌町に開設したＪＡ全農ＥＴ研究所。ＥＴはEmbryo Transfer＝胚移植の略。受精卵リストを作成し、黒毛和牛を中心とした受精卵と妊娠牛を販売している。繁殖技術研修生（2~3年制）の募集も始めた。

いちごの無菌苗生産から販売まで

米国輸入いちごに対抗　東神楽町・株式会社ホーブ

株式会社「ホーブ」（ＨＯＢ）は、いちごの苗の開発・販売を行うバイオ企業であり、業務用いちごの最大手卸売り業者でもある。東証ジャスダック上場。本社は旭川市の南、上川郡東神楽（ひがしかぐら）町にある。１９８７年設立、資本金４億２１５０万円、連結売上高51億円、従業員約60人（連結）。

この会社は高橋巖会長（63）が一代で築き上げた。高橋巖さんは静岡大学農学部卒、名古屋の金印わさびに入社してわさび苗の組織培養の仕事をしていたが、33歳のときに勤務経験のある北海道でいまの会社を立ち上げ独立。最初は花や野菜の苗を組織培養して販売していたが、次第にいちご専門となる。しかしここまで来るには3度の危機、地獄があったという。

まず大規模にいちごを栽培していたら病害でほぼ全滅し最初の危機を迎える。しかし旧知の銀行マンに救われる。その4年後、今度は大豊作で価格が暴落し、社員をリストラせざるを得なかった。

その後、会社が成長し上場の話が出ていたとき、いちごの専門家が入社。だがまもなく幹部と契約農家を引き抜いて独立されてしまった。

試験栽培のいちご

こうした失敗を乗り越えて1993年には新品種のいちご「セリーヌ」の種苗登録に成功。95年に「ペチカ」を登録。登録が認められると種苗法によって25年間、保護される。高温多湿である日本の夏から秋にかけてはいちごの栽培はできないとされていたが、ペチカはその常識を破るヒット品種となった。甘みがひかえめで、見栄えと香りがよく、夏場のいちご端境期に出荷されて輸入品に対抗する存在となった。

97年、業務用いちご卸の会社を子会社にして首都圏でのいちごの通年供給を始める。

2005年、ついにジャスダックに上場。その後、新品種「エスポ」、「ペチカサンタ」「ペチカピュア」（商品名ペチカプライム）を次々に登録。経営面では物流の子会社や輸入青果物を扱う子会社を設立、さらに種子じゃがいもなどの仕入れ販売会社を子会社化するなど業務範囲を広げる。

11月5日、そのホーブを訪れた。東神楽町は旭川のベッドタウンで旭川空港がある。東側にそびえる大雪山系の山々は早くも真っ白だった。

高橋さんの説明では、日本のいちごは従来、冬から春にかけて収穫していて、気温が上がる夏秋、6月から11月はいちごが出なくなるためアメリカから飛行機で輸入していた。輸入物は実が固く味も劣るがケーキなどには欠かせない。「ホーブ」は、その夏秋に収穫できるいちごを開発し、アメリカからの輸入の一角、3分の1を崩した。つまり季節はずれの市場の一部を開拓したことになる。「ペチカ」や「セリーヌ」は「四季成性品種」といって一年中収穫できる。これでいちごの通年供給ができるようになった。

ヤシの実で作った栽培床

具体的には、いちごの生長点を顕微鏡で採取して寒天培養液で培養する。細胞分裂が盛んな芽の先端部分を0・2〜0・3ミリ切り取って一定期間培養すると、植物体からの強い力でウイルスが消滅し病気にかからない苗ができる。これを繰り返して無病苗を短期間に大量に作りだす。そしてまずは温室、次に十勝・鹿追町の通常の畑へと移していき、初冬に苗を掘り出して冷蔵庫に保管する方法で55万株の苗を作る。

東神楽町にあるホープ本社

この苗は東北や道南の契約農家約１００軒で栽培され、できたいちごはホープで買い上げて市場へ出荷。つまり苗の開発からいちごの販売までを通して行っている。いちごはとても病気にかかりやすい。タバコ病やモザイク病といった病気にすぐかかる。このため毎年、病気にかからないウイルスフリーの苗を供給しなければならないという。

温室を案内してもらった。ちょうど地元の小学校高学年の子どもたちが見学に来ていた。いちごが鈴なりになっている温室に入って驚いた。土を使っていない。土を使うと病気にかかりやすいのだそうだ。ヤシの実をほぐした茶色の繊維やガラスウールが使われ、水と肥料も普通のパイプではなく平べったい帯のようなビニール帯が張り巡らされ、等間隔にあいた小さな穴からポタポタといちごに供給されていた。点滴栽培というのだそうだ。

そこは新しい品種の実験をしていて根がつるのように外に長く伸びていた。ここから出る芽を摘んで細胞分裂させるらしい。

こんな立派な会社があるのに地元の農協の窓口係はその場所を知らなかった。奥に座っていた幹部の人が教えてくれた。東神楽、いや日本が誇るバイオテクノロジーを駆使するいちご会社は、次はどんな新品種を開発するのだろうか。

クラーク博士のつぶやき

いちご栽培工場「苫東ファーム」

北海道の空の玄関、新千歳空港から車で20分、野鳥サンクチュアリの「ウトナイ湖」東側の臨空工業地区の一角に大規模ないちご栽培工場が出現、２０１５年夏から業務用いちごの出荷を始めている。その名は「苫東ファーム」、清水建設、富士電機、北洋銀行、苫小牧信用金庫などが設立した株式会社。ビニール温室は８メートル×93メートルが28棟連なった面積２ヘクタール。農水省の補助金を受けている。

富士電機が培った技術によるもので、熱源は木質チップ。温室内には15～18度の温水、養液、そして二酸化炭素の３本のパイプが通っていて、栽培ベンチのいちごに供給し日射量によって自動制御されている。ヒートポンプも使ってコスト低減。土は使わずロックウール、ミツバチによる受粉。完全人工光型育苗施設で苗の自給を目指す。

苫小牧東部工業基地は山手線内側の１・７倍の広さを誇るが、進出企業はいまいち、空き地が広がっている。しかし日射量が多く夏に25度を超えることが珍しく、いちご栽培に適している。この会社は２０１６年に同じ大きさの２ヘクタールの温室を増設する。通年出荷で、１株あたり１・５キロ、10アールあたり10・６トン、年間３１４トンの出荷を目指す。

夕張メロンにＧＩマーク　さらに高まるブランド力

夕張市農協

北海道を代表するブランド農産物、「夕張メロン」が、国のＧＩ（ジーアイ）制度の登録第1弾の7品目のひとつに選ばれた。ＧＩ制度とは、Geografical Indication の略、直訳すると地理的証拠という意味になる。地理的表示保護制度ともいわれる。

この制度は、その名前を聞いただけで産地がわかり、地域独自の製法や品質が確保され、偽物から保護できるようにと農林水産省が始めた新しい認証制度。２０１５年6月から申請を受け付け、12月にその中から神戸ビーフなどとともに第1弾の登録を発表したもので、徐々に増える見込みだ。農産物や食品は「登録商標」や「地域団体商標」で保護されているものがかなりあるが、このＧＩ制度は国がお墨付きを与えたブランドとしてさらに権威がある感じだ。

夏の贈答品の時期になると、北海道のスーパーや量販店にも夕張メロンが並べられるが、横に並ぶ「富良野メロン」との価格差は歴然としていてまさに王者の風格。いまやブランドの代名詞なのだ。「夕張メロン」を名乗れるのは夕張市農協の組合員が作ったメロンだけ。隣町での栽培では名乗ることができない。そこで隣の地域で同じ赤い果肉のメロンを栽培している富良野地方の1市4町1村は

「富良野メロン」という銘柄名にしている。実はこれもおいしく割安だ。

毎年5月中旬、その年の「夕張メロン」の初物が札幌中央卸売市場で競りにかけられる。そのご祝儀相場が全国ニュースになる。２００2年まで最高落札価格をつけるのは三越札幌店だったが、その後は卸売業者も食い込むようになり、２０１5年は新潟の卸売業者が2玉入り1箱を１５０万円で落札した。その前年は札幌の業者が史上最高値タイの２５０万円で落札している。２０１6年は兵庫県尼崎市のスーパーが３００万円の最高値をつけた。落札者上位10人には夕張市農協から時計付きの記念パネルが贈られている。

山合いを埋める夕張メロンのハウス

このような地位に簡単にたどりついたわけではない。夕張は山あいの火山灰地で土地も狭いので、以前、農家は豆や長いも、アスパラガスなどを栽培していた。１９５7年、道の農業改良普及員が農家の庭先でウリに似たメロンを見つけた。聞けば大正末期から栽培しているという。果肉は赤く甘くないが、じゃ香のような甘い香りがする。これに甘さがつけばと、有志による試験栽培が始まった。

当時、日本のメロンは42種。この中から合うものを探し出して交配しようと考えたが、どこも種子は門外不出。なんとかいくつかの種子を入手して交配したところ立派な実がなった。ところが重さが足りず、甘さが足りない。

1960年、17人で夕張メロン組合を設立、築地市場へ出荷したところ「カボチャ」かと馬鹿にされ、静岡メロンの半値。

61年に「夕張キング」と命名。「夕張キング」はスパイシーカンタロープを父に、アールスフェボリットを母とするネットメロン（マスクメロン）と定義された。63年に夕張炭鉱が閉山。昼夜の寒暖の差が大きい山間地であることがむしろ幸いした。どこよりも甘いのだ。東京への産地直送を始める。赤い果肉のメロンは珍しく強い甘みが評判となる。ミツバチによる交配、品質検査の強化などを重ねて評価は次第に上がっていく。

夕張メロンドーム

11月上旬、夕張を訪れた。西隣の栗山町からゆるやかに坂道を上っていくと普通のビニールハウスより手の込んだハウスが段々畑に連なっている。季節外れだから何も作っていないが、これがあの高いメロンを生み出す装置かと、なんとなく納得。

短いトンネルを抜けると、いきなり市街地のど真ん中。しかし人影は見られない。突き当りの道を左に曲がり坂道をさらに上ってＪＲ夕張支線の終点、夕張駅や市役所付近からＵターンして細長い谷を下ると、石勝線新夕張駅にほど近い位置に農協があった。

１９９０年に最後の三菱南夕張炭鉱の閉山のあと、スキー場などリゾート建設で３５０億円を超える借金をかかえ、２００７年３月、ついに財政が破綻し全国唯一の財政再建団体になった夕張市。全国で２番目または３番目に人口の少ない市となり、あと２５３億円の借金を返済し終えるのに２０２７年３月までかかる。

その市内にありながら市とはまさに対照的、全国に誇る堂々たる地位を築いた農協。農協の建物とは別に円形の建物の上に大きなメロンが突き出ている展示館があった。さらに石勝線新夕張駅そばの道の駅にもメロン栽培の展示があった。

大切なメロンの種子は農協の金庫に厳重に保管されているという。生産農家はやや減って１１６戸。雪が多い１月にハウスで早くも種まき、発芽すると鉢に移し、接ぎ木という作業をする。これをすると苗が病気にかかりにくく丈夫な苗になる。そしていよいよハウス内の地面に定植。ひとつの株からつるを２本伸ばすようにする。４月下旬、鹿児島からミツバチを運び入れる。トラックで２日半かけて到着。交配によって花が実になるが、1本のつるに実らせる実は1個か2個にしぼる。育てる実にネットをかける。こうして105日ほどで収穫となる。

出荷にあたっての検査は厳しい。1個1個、手に取って4つの階級のどれにするか決める。最高位の「特秀」は糖度13%以上、「秀」が12%、「優」が11%、「良」が10%、これ以下はメロンリキュールやメロンブランデーの原料にされる。

出荷は5月中旬から9月、最盛期は6月下旬から8月上旬。2015年は前年より7・1%少ない4087トンの収穫だったが、売上高は逆に1・5%多い22億4600万円、2年連続の売り上げ増になった。

夕張メロンは賞味期限を克服して輸出も次第に増えている。2015年は香港への輸出が目立った。夕張メロンは赤い丸の中に金色の文字でGIと記したマークをつけられるようになった。この効果ははかり知れない。

クラーク博士のつぶやき

じゃがいも街道

「じゃがいも街道」という名の道路が、オホーツク海に面した道東・小清水《こしみず》町にある。まわりがじゃがいも畑、7月には白やピンクの花が一面に咲く。

網走に近いＪＲ釧網《せんもう》線浜小清水駅と小清水町役場などがある内陸部との間にある、ほぼ直線5キロの丘陵地帯を走る町道。家は数軒しかなく、途中に野菜の直売所、小麦乾燥工場、信号が1か所。

西側の丘の上には防風林、東側は斜里岳と知床連峰を遠望でき、なぜかほっとする。近年、オレンジ色のつつじが歩道に植えられ花を添えている。

小清水町は農業の町、じゃがいもは耕作面積の3分の1近い2200ヘクタールで栽培され11万8000トンを生産している。もちろん同じ畑でじゃがいもばかり作ると連作障害が起きるため、交代で小麦とビートも植えられている。

じゃがいもからはでんぷん（澱粉）が作られる。2011年2月、町の青年たちがでんぷんで作った、たたみ1畳分の大きさの「いもだんご」がギネスの認定を受けた。このでんぷんで町を盛り上げようと、町はでんぷんを使う企業を福岡から誘致したのに続いて、2013年、町役場に架空の「じゃがいもでんぷん課」を設けた。職員はゆるキャラの「ほがじゃ」と「でん坊」の2人だけ。

温泉熱で南国のマンゴー栽培
冬に高値で出荷　弟子屈町・ファームピープル

冬はマイナス20度前後まで冷え込む北海道東部の内陸部、弟子屈町《てしかが》、温室の中で真っ赤なマンゴーが実っている。中は25度と初夏の気温。ここは温泉熱を利用した完熟マンゴーの温室農場だ。

摩周湖と屈斜路湖《くっしゃろ》があるカルデラ地帯の弟子屈町は温泉が豊富。しかも温度が高い。これに目をつけてマンゴーの栽培を始めたのが、網走出身、釧路や網走で通信工事の会社を経営していた村田光宗さん（63）。「老後は人のやっていないことをやってみよう」と考えついた。

マンゴーは1個数千円もする高級果物。フィリピンやメキシコからの輸入のほか、日本では沖縄や鹿児島県の奄美諸島でハウス、宮崎では温室で栽培し、夏場に出荷している。それならば弟子屈の温泉熱でも栽培できるのではないか。むしろ寒い冬をねらって出荷するのはどうだろう。早速、宮崎県の温室マンゴー農家を訪れて教えを乞う。できないことではないと思った。

2011年、村田さんは「ファーム・ピープル」という農業生産法人を設立して弟子屈で温泉と土地3万3000平方メートルを購入、まず2棟の温室で栽培を始めた。国の補助金もついた。鹿児島から1、2年の苗木800本を取り寄せる。栽培方法は宮崎と同じ大きな鉢に1本ずつ植えるポット

ずらりと並ぶ温室の中は、いつも初夏の気温

栽培。地面で栽培するより味が良くなる。80度から85度ある温泉を使って室温を25度に保つ。

だがここからが普通の人とは違う。商売柄お手の物のIT技術を駆使した。

まず一番大事な温室内の温度、湿度、それに鉢の土壌の温度を管理するセンサーを1棟に1つずつ設置。異常が起きると自動的にスマホにアラームを知らせてくるようにした。温度などは管理棟からも制御できるようにした。

そしてカメラも設置、育っていくマンゴーの映像が指導してくれる宮崎県の農家で24時間見れるようにした。宮崎の人はこの映像と栽培データを見て細かく技術指導をしてくれた。これが初期段階のミスをほ

村田光宗さん

ぼ防いだ。（農業ＩＣＴという技術）

１年間の試験栽培のうえ28棟の温室を追加建設。鹿児島からさらに3年から6年の苗木８００本を入れる。

マンゴーは、木がある程度育ったところで室温を10度から15度に下げ、土を乾燥状態にして肥料を断つと花芽を出す。温度を下げるには窓を少し開けるだけでいいのが北海道。そして室温をさらに5度に下げると実をつける。５度以下は駄目。植物は極限状態に追い込むと、自らの子孫を残そうと花を咲かせ実をつける。実《み》は１本の枝に1個にしぼり、肥料を施して実を大きくし、昼は暖かく夜は温度を下げて甘みをつけさせる。

この繰り返しで見事な完熟マンゴーが

実った。マンゴーは完熟すると枝からポロリと下に落ちる。このため熟しはじめたマンゴーには白いネットをつけ、枝から落ちてもこのネットに収まるようにしている。

さあ、味はどうか、試してみる。うまい、甘い。糖度は17度から20度ある。夏に出荷している宮崎や鹿児島のマンゴーは12度から16度だから相当高い。村田さんの試みは、わずか2年で大成功。

次第に育っていくマンゴー

「極寒完熟マンゴー、摩周湖の夕日」と名付けたマンゴーの出荷が始まった。２０１３年5月からテスト出荷をして２０１４年10月から３０００個を本格出荷。東京の有名果物店や百貨店とともに、郵便局の「ふるさと小包」でも扱ってもらった。一番安いので1個５５００円（送料、税込み）、高いのは1万円もした。２０１５年秋から２０１６年春にかけては2万個を出荷した。

村田さんはもうひとつ人がやらない方法をとった。事業拡大、温室や温泉の泉源を増やすには資金が不足。そこでファンドによる資金集めを考えた。２０１５年6月、釧路信用金庫、ミュージックセキュリティーズ（ＭＳ社）と提携して1口3万１７１０円で１０５０万円の小口投資を集めることにした。ＭＳ社は７万人が利用するサイトを持ちクラウドファンディングの運営実績がある。投資した人は分配金とともに６０００円程度のマンゴー１個を受け取ることができる。資金調達と同時に宣伝もできる。村田さんの作戦は大当たり、１９７人が応募して3か月で目標の資金を集めることができた。自動散水システムなどに充てる。

郵便局の「ふるさと小包」にも

マンゴーはインドなどアジア南部が原産。村田さんが育てているのはアウウィという品種で、色が赤いのでアップルマンゴーとも呼ばれる。大きさによって特大、４Ｌ、３Ｌ、２Ｌ、Ｌの5ランクに分類している。

長男の陽平さん（37）も札幌の通信会社を辞めてマンゴー専従になった。将来はイチジクやメロンの栽培も考えているという。

寒い北海道で南国の高級果物づくり、燃料代がほとんどかからない温泉熱の利用、逆転の発想が成功しつつある。

クラーク博士のつぶやき

ＮＯＮ－ＧＭとうもろこし

日本では遺伝子組み換え作物の安全性に対する不安感が根強いため、ＪＡ全農はアメリカ中西部の農家に特別に「非遺伝子組み換えとうもろこし」＝ＮＯＮ－ＧＭとうもろこしを栽培してもらって、これを日本に輸入している。

アメリカではすでに大豆の94％、とうもろこしの93％が遺伝子組み換え（ＧＭ）作物になっており、病害虫に強いため収穫量も多い。一方のＮＯＮ－ＧＭとうもろこしは、雑草や害虫で収量が少なく、価格もそれほど高くはないため作付面積が徐々に減っている。

このためＪＡ全農は、１９８８年、集荷会社の非メジャー系最大手のＣＧＢ社を伊藤忠商事と組んで子会社にするとともに、種子会社のパイオニア社と提携して、イリノイ、ミズーリ、オハイオ、インディアナ、アーカンソー、オクラホマ、ケンタッキー、アイオワの各州の農家に種子を提供してＮＯＮ－ＧＭとうもろこしを栽培してもらっている。そしてこれを集荷してカントリー、ターミナル、リバーの各エレベーターに集め、はしけでミシシッピー川を下って、河口のニューオーリンズの全農グレイン社の輸出エレベーターから全農が雇った貨物船に積み込み、パナマ運河経由で日本に運んでいる。これらのすべての過程で検査のうえＮＯＮ－ＧＭであるという証明書を発行している。

２０１３年度の場合、この輸入量は食品用１１０万トン、飼料用26万トン。飼料用は牛、豚、鶏のえさに使われている。日本では33の生協で組織する「生活クラブ連合会」が熱心にＮＯＮ－ＧＭ運動を進めている。

北海道産「山わさび」にこだわり
バイオが支える栽培技術　網走市・金印わさび

「ホースラディッシュ？　子どものころは道端にいっぱい生えていたな。ホースという名前だけど馬は食べなかった。秋になると買い付けにくるおじさんがいて、抱えきれないほどのホースラディッシュをおじさんが待っている神社まで持っていくと、子どもとしてはかなり多めの小遣い稼ぎになったもんだ」

オホーツク海側の網走市郊外に住む60代後半の男性はこう話す。そのホースラディッシュ、明治時代に西洋から入ってきた帰化植物。これが北海道で「山わさび」と呼ばれている「西洋わさび」だ。平安時代から日本にあるといわれる日本特有の「本わさび」とは違い、日照量が多く寒い気候や土壌が生育に適していたからだ。辛さは本わさびの1・5倍もある。いまは日本の食卓に欠かせない加工わさびとなって刺身などを引き立たせる。網走地方を中心に栽培されている特産品だ。

その中心になっている網走市の金印わさびオホーツク工場を訪ねた。名古屋に本社がある加工わさびの会社「金印」の製造子会社だ。ここが苗を農家に供給し、畑で大きく育ったわさびを再び買い取って業務用の加工わさびの製品にして全国と海外65か国に供給している。以前は長野県で西洋わさ

畑で栽培される山わさび（西洋わさび）

びを作っていたが、網走地方がより適していると判断して1965年に生産拠点を網走に移す。

西洋わさびはアブラナ科の耐寒性多年草。静岡や長野の安曇野で見られる山間地の沢で栽培する本わさびとは違って畑で成長する。日本特有の本わさびは植付けから収穫までに約1・5年もかかるのと違って、この西洋わさびは春に種根を植えて秋には収穫する。しかも根っこが本わさびとは比べ物にならないほど大きくなる。畑に植えられている葉はアブラナそっくりだ。生命力が強く栽培はむずかしくはないが、ウィルス病にかかりやすく長年植え続けると消えてしまう。そこでこの会社が病気に強い丈夫な苗を作り出しているのだ。

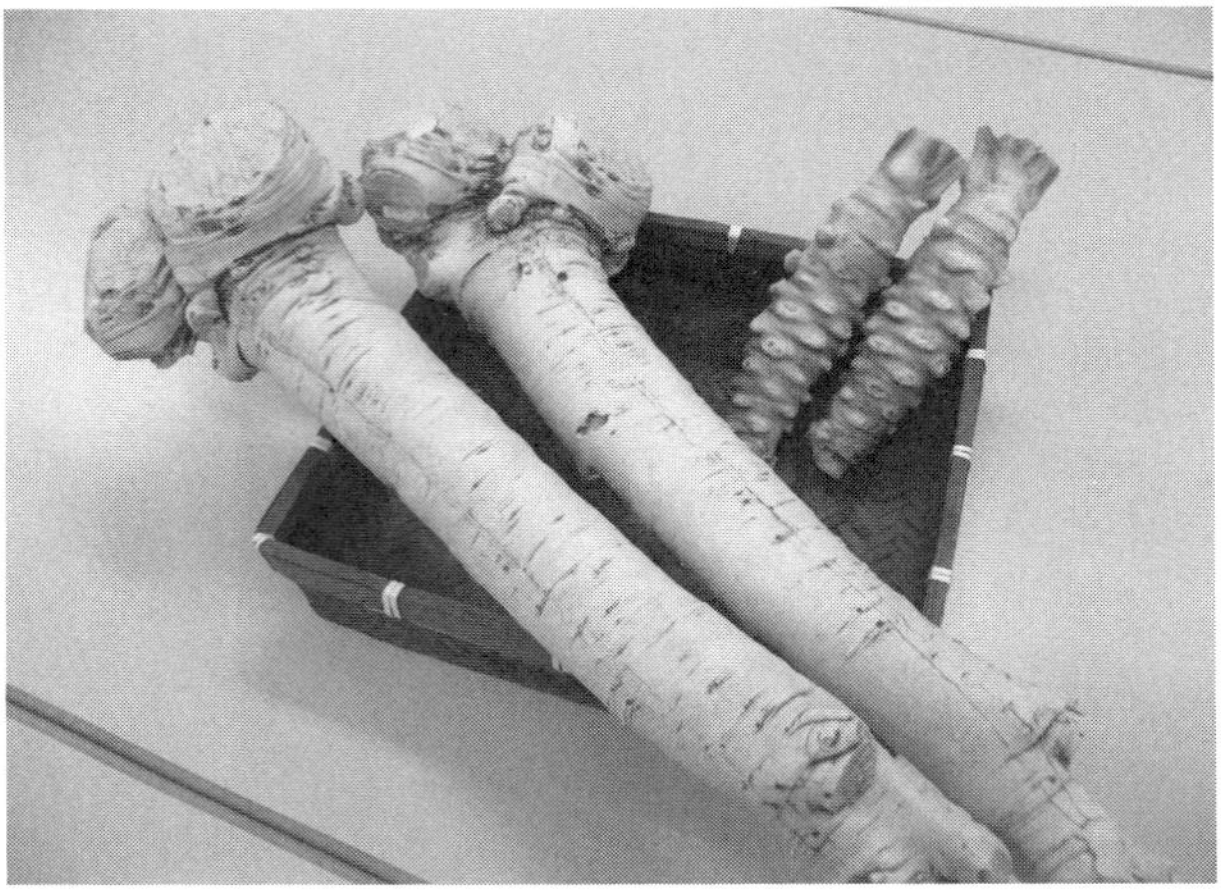

収穫された山わさび（手前の２本）

農業担当の別会社、金印アグリの畑山政彦さんに苗を作っている建物を案内してもらった。先端バイオテクノロジーなので撮影は禁止。まず研究室でウィルスのないわさびの生長点をピンセットで取り出し、培養液を入れた試験管で培養する。試験管が暗い部屋の棚にずらりと並んでいた。照明を照らす昼と、真っ暗にする夜を交互に繰り返して成長を早める。ある段階まで成長した苗は、土のポットに移されて馴化ほ場とよばれる温室で5か月間育てられる。試験管で誕生した生命は1年後の春、苗となって契約農家に持ち込まれて「種根」栽培される。その秋には30本ほどに分かれた根ができる。これが種根だ。この種根を翌年春に1本ずつ植えて秋にようやく本格的な「主根」が収穫される。つまり3年もかかる。新品種は3年に1回程度出しているという。ウイルスフリーと呼ばれるこの方法は、じゃがいもや長いもでも採用されている。

契約農家の一人、斜里町の植木幸一さんに会うことができた。20年間わさび作りをしている。ことしの西洋わさびは6ヘクタール。全部で34ヘクタールの畑を耕し、小麦、じゃがいも、ビート、西洋わさびを、毎年畑を変えて栽培している。これを輪作と呼ぶ。同じ畑で作り続けると連作障害が起きやすいので、この方法をとる。

春4月下旬から5月上旬、植え付けと同時に肥料をやる。少し成長すると、除草も必要だ。雑草をきちんと抜きとらないと土の栄養分を吸い取られてしまう。秋口にかけて寒暖の差が大きい方が望ましい。辛さが増すのだ。収穫は10月下旬から11月中旬にかけて。葉を切ったあと、ハーベスターという機械で根を掘りだす。長さ30センチ、太さ15センチ程度、1本400から500グラムの立派な西洋わさびの収穫だ。

わさびの製品はいろいろある

こうした西洋わさびは、オホーツク海側の網走、斜里、清里で20軒の農家が合わせて80ヘクタール栽培している。ほかに金印アグリが自社栽培で20ヘクタール、合計100ヘクタール分が工場の年間操業に必要だという。

以前は60軒の農家が140ヘクタール作っていたが、収穫時期がビートと重なることや農家の高齢化で辞めていった。工場に搬入された西洋わさびの根は建物の外で保管されていた。ちょうど雪が積もりはじめ、係の人はよい防寒着になると話していた。これを3か月間かけて少しずつ工場内の装置に取り入れ製品の原料にしていく。

オホーツク工場では、刺身に添付している小袋わさびや、100～1000グラムの業務用わさびを製造している。ではどのようにして作られるのか。工場長の下方浩靖さんに工場の中に入れてもらうことになった。

ここは管理が厳重。まずひたいに温度計をかざして入場する人に熱がないかどうか確認する。風邪をひいている人は入れない。そして白衣とズボン、帽子、マスクをして手前の部屋へ。ここで手を洗い、長靴に履き替える。さらに消毒水槽の中を歩いて風圧でほこりを払い、ようやく中へ。

洗浄された西洋わさびの根が隣の建物から運び込まれ、これをすりつぶして攪拌する。ステンレスの装置の中をのぞかせてもらったが、目に強い刺激を受けて数秒しかもたない。西洋わさびの辛さは本わさびの1・5倍だというが、とにかく強烈だ。防毒マスクが置いてあったのには驚いた。装置の中を清掃するときに作業員がこれで顔を覆うという。ステンレスのパイプの中を女性が圧力温水で丹念に洗っていた。とにかく衛生管理に細心の注意を払っているようだった。

本わさび、西洋わさび、その他副原料を混ぜ合わせて製品が作られ、各種の製品が包装され出荷されていく。市場に流通する製品の鮮度を保つために、こうした作業は一年中続けられている。他社の加工わさびメーカーが輸入原料に頼る中、金印わさびは北海道産にこだわっている。実に国内生産の西洋わさびの9割以上を使用している。このことがもっと評価されていけば、北海道の西洋わさびの増産につながり、栽培農家もうるおっていくことだろう。

網走地方には金印とは別に西洋わさびを作っている農家もある。また本わさびをビニールハウスで栽培している農家が清里町に17軒あって市場に出荷している。

クラーク博士のつぶやき

アメリカのＣＳＡ運動

ＣＳＡとはCommunity Supported Agricultureの略。直訳すると、「地域が支える農業」で、いまアメリカやカナダで広がりを見せている。

日本の生活クラブ生協が１９６０年代に始めた「産直提携」運動がスイスやドイツに渡り、さらに１９８０年代にアメリカに入ったという説があるが定かではない。

主に有機農業をやっている農家と近くの消費者グループが1年とか半年単位で契約し前もって一定の金額を払うと、農家は毎週、多品目の農産物詰め合わせセットを消費者に届ける。

日本の産直が農産物が届いたあとの後払いが多いのに対して、ＣＳＡは年会費前払いで、不作でも払い戻しがないことが特徴。これによって農家は生産を安定させることができるし、消費者は年会費を通じて農業に参加する形となる。今週送られてくる農作物はどんな詰め合わせになるのかと、主婦は胸をときめかす。

ＣＳＡによって小規模農家が多様な作物を栽培することができ、大規模農業とは違って野生生物との共存もしやすく環境も守られる。

こうしたＣＳＡ参加農家は、２００７年の米農務省調べでは北東部を中心に全米で1万２５４９戸あった。

赤肉「十勝若牛」登場

黒毛×ホルスタイン　清水町・十勝清水町農協

「十勝若牛」という名前の牛肉を帯広近郊の清水町の農協が売り出し人気を得ている。その牛肉が帯広でも食べられると聞いて、帯広駅近くの歴史あるホテル、「ふく井ホテル」２階のレストラン「バイプレーン」を訪れた。

その十勝若牛を使った一番安いリブステーキ・ミディアム２２５グラム、２１６０円を注文。まもなく出されたステーキは柔らかくジューシーな赤身、ほのかな上品な香り、風味がある。実においしかった。そして高くない。牛肉は霜降り肉でなければと思い込んでいた私の考えを変えた肉だった。料理長の鈴木善久さんは「若い牛だから肉が柔らかい。素材がいいから塩コショウだけで十分。そして冷凍していないのでおいしさが際立ちます」と話す。客の注文が多いという。

その十勝若牛の産地、清水町は帯広市の西30キロの農村。町内に入ると、「十勝清水町　牛玉ステーキ丼」、「牛とろ丼」など、あちこちにのぼりが立つ。町内の11店がこれらを提供している。

十勝若牛は、十勝清水町農協が帯広畜産大学などの協力を得て15年間の試行錯誤の末、開発した。どういう牛かというと、乳牛のホルスタインのメス牛に黒毛和牛の精子を人口受精させて産ませ、14

訪問者に興味津々の若牛たち

か月間育てたものだ。

ホルスタインは乳をしぼるために毎年1回、子どもを産ませる。子牛の半数はオス牛で普通は20か月ほど育てて肉にされる。半数はメスになるが、近頃はそんなに乳牛を増やす必要がない。ただ乳を出すために出産させるならば、できるだけ楽に出産させたほうがいい。黒毛和牛の子は小さいため母牛はお産にともなう危険性が軽くなる。そしてホルスタインのオス牛の肉よりも、黒毛和牛の血が混じっていたほうが、肉がぐっとおいしくなり、しかも身体の大きなホルスタインに似て本物の黒毛和牛より肉の量が多くなる。

こうして生まれる子牛、「交雑牛」が最近増えている。帯広畜産大学の研究で肥育

吉田哲郎さん

期間14か月が一番おいしく、えさ代、おいしさ、市場価格が一番適当であることがわかった。十勝清水町農協はそれをもっと世間に知ってもらう作戦にとりかかった。

2012年8月、滋賀県大津市で開かれた「牛肉サミット」で、出品した「十勝若牛のローストビーフにぎり」が来場者の投票で優勝。その年の11月、地域団体商標としての登録が認められる。翌2013年秋、隣町の芽室で開かれた「ご当地グルメ北海道」で総合優勝した。

町内の十勝若牛肥育農家5軒で生産者組合を作っている。その組合長、吉田牧場の吉田哲郎さんを訪ねた。牛に劣らず39歳という若さだ。牧場は十勝平野西部を一望する美蔓《びまん》パノラマパークという段丘崖に近い山裾にあった。若牛を５００頭飼っている。ちょうど夕方のえさやり時で、牛舎では白黒の若い牛たちが私たちの方に集まって柵から顔を出し興味津々だ。とてもかわいい。若いからか身体がきれい。これを食べることになると思うとかわいそうな気もするが、それは仕方がないことだ。

吉田哲郎さんは語る。「以前は酪農とそれにともなう元牛の販売をやっていたが、健康志向による赤肉ブームになってきたので、いまの形態に切り替えた。５軒で組合を作り農協にも応援してもらっている。この赤肉は道内のほかは関西方面への出荷が多い。関東は豚肉が好まれるためか、それほど多くない」

十勝若牛を使ったリブステーキ

　５軒の十勝若牛は合わせて５３００頭。吉田組合長は年間５０００頭出荷を目標としている。普通の牛は６００キロ程度だが、12か月以上、３３０キロ程度になれば出荷できると話す。

　もう1軒の組合員の牧場を訪ねた。日高山脈がより近く見える御影地区の「コスモス・ファーム」。十勝若牛２０７０頭とともに、薄茶色をしたブラウンスイス１２００頭も飼っている。ブラウンスイスは北海道ではここだけ。経営者は安藤登美子さんという女性、従業員15人の中にも女性が数人いる。ビールかすなど微生物を添加した飼料を与えていて、この肉は匂いが極端に少ないという。「十勝ぼうや牛」という名前で出荷し、国道わきにレストランも設けている。

「黒毛和牛」ではなく、「黒毛牛」とか「国産牛」といった名前で売られている牛肉は、こうした交雑牛だ。しかし十勝清水町は交雑牛という、捨てられたような存在ではなく、これをおいしくレベルアップして特別な商品にした。

ＴＰＰによって牛肉はいまの38・５％の関税が段階的に下げられて16年目には９％になる。健康志向によって赤肉の需要は増えているが、それだけでは安い輸入牛肉と競争できるのか。十勝若牛は和牛の肉質に近いのに手ごろな値段であることと、輸入の冷凍肉ではないおいしさをＰＲするとともに、さらに価格を下げる努力が生き残る道ではないかと思った。

クラーク博士のつぶやき

北海道酪農 3人の功労者

宇都宮仙太郎、黒澤酉蔵、佐藤善七は、三羽ガラスとも呼ばれている。「日本酪農の父」とされる宇都宮仙太郎（1866〜1940）は、ホルスタイン種牛の導入、雪印乳業の元になる組合の設立、江別の酪農学園大学の元になる義塾を作るなどの功績があった。宇都宮は大分県中津市出身、政治家目指して上京。北海道にあこがれ19歳で札幌の町村牧場に。その後、渡米して酪農を学び24歳で帰国。牧場経営、バター製造、組合設立、40歳で再び渡米。ホルスタインの優良種牛約50頭を輸入し品種改良に努めた。関東大震災では政府の食料難対策でアメリカから乳製品が大量に輸入され酪農家は窮地に追い込まれた。宇都宮は酪農家自身が乳製品を製造し販売できるようにしようと立ち上がり、1925年、のちに雪印乳業に発展する北海道製酪販売組合を設立した。宇都宮組合長、黒澤専務理事、佐藤善七常務理事だった。1933年には、北海道酪農義塾を設立。これがのちに酪農学園大学となった。

黒澤酉蔵（1885〜1982）は、茨城県出身、東京に出て田中正造の秘書に。宇都宮の牧夫をへて独立。北海道製酪販売組合の専務理事、衆議院議員、のちに雪印乳業の相談役、酪農学園初代理事長、北海タイムス会長。「健土健民」を唱えた。

佐藤善七（1874〜1957）は、屯田兵の子孫で道庁の役人だった。2人を支え、雪印乳業、酪農学園の基礎を築いた。

宇都宮のことばに「酪農三得」がある。

1．役人に頭を下げなくてもいい。
2．牛は決してうそをつかない。
3．牛乳を飲めば多くの人が健康になる。

豚を斜面に放牧

健康な豚肉求めて　十勝幕別町忠類・エルパソ牧場

豚を牧場で放し飼いにしている。その豚肉がおいしいと評判の店が帯広にある、と聞いて食べに行った。帯広駅の南方、緑が丘公園西側の住宅街の一角にその店はあった。「ランチョ・エルパソ」、メキシコ風の雰囲気の店である。

リブステーキを注文した。１５００円、和風。出てきた豚肉は、他とは比べられないほど、こくがあってうまい。またサラダの生ハムが絶品だった。「どろぶた」がここの豚の商品名。豚が泥遊びをしている様子が頭に浮かぶ。ハムやソーセージも売っている。帯広の地ビールもここで飲める。ライブ演奏も時々開かれているようだった。

翌日、経営者の平林英明さん（70）に牧場に案内してもらった。牧場は帯広空港から小1時間の幕《まく》別町忠類《べっちょうちゅうるい》の丘に設けられていた。広さ26ヘクタール。太平洋はそう遠くないはずだが、低い山や森にさえぎられて海は見えない。入口に「どろぶたエルパソ牧場」という看板がかかっていた。

豚はイギリス原産のケンボローという種類。斜面のいくつかの区画に、大きさごとに数十頭ずつ、合わせて千頭ほど放し飼いにされていた。餌場や水飲み場があるが、豚たちは好き勝手に斜面を走り回り、穴を掘り、そこで泥まみれになって遊んだり横になったりしていた。どの豚も泥まみれ、豚は泥遊びが大好きなのだ。

こうして勝手気ままにさせておくのが豚の精神衛生上にいい。えさは2種類をブレンド。赤身と脂肪をバランスさせているという。また野菜くずとホエーをたっぷり与えている。ホエー（whey）というのは、牛乳からチーズを作るときに出る栄養分たっぷりの水分。これをチーズ工場から入手している。

平林英明さん

さらに豚はえさと一緒に土も食べてしまう。これが豚特有の臭みを抑えるという。斜面を走り回ることで、豚は足腰が丈夫になり、健康、抵抗力もつき、筋肉組織に脂肪がよく入る。

豚舎飼いの普通の豚は、半年程度飼育して１１０〜１２０キロで出荷される。だが、ここではそれより長く８か月、最長で10か月かけて育てている。

地元のブリーダーが生ませた生後25日５キロの子豚を１００頭単位で購入。オスは去勢し、オスメスともに完全消毒した豚舎で40日間飼育、次に開放パドックがある

斜面で自由活発に遊ぶ豚たち

中豚育成舎で60日間飼育すると65キログらいになる。そしてこの大豚放牧場で100日間以上、自由にさせると170～180キロになるという。

平林さんは1976年にレストランを始め、初めのころは普通の店だったが、次第に豚の味にこだわるようになり、日高山脈のふもと、帯広市拓成の谷間に牧場を開く。そして2013年春、広い場所を求めて現在地に移転してきた。ここでは最長2年かけて生ハムを熟成させている。もちろん自分のレストランだけでなく、業者に豚肉を売っている。

平林さんは語る。

「TPPになっても影響は受けません。自分のオリジナルの豚で売り出しているので価格競争には加わりません。僕の生産方法による原価に利益を上積みして価格が決まる。これを客が理解し気に入って買ってくれる仕組みなので競争相手はいません。

年間１２００頭を出荷していますが、規模はもう少し大きくします。でも基本的には小規模生産を貫き、必要な分しか作らないつもりです。今後とも消費者とのコミュニケーションをきちんと取り合って生産していきます。」

エルパソ牧場

平林さんは豚にやさしく声をかける。やはり愛情が必要だ。そしてなによりも料理が出発点、どうすれば、おいしい豚肉になるか、ノウハウを持っているようだ。

ＢＳＥや鳥インフルエンザの影響で豚肉の消費は増えている。国内生産と輸入はほぼ半分ずつ。輸入は中国からが多い。悪臭などの環境問題と後継者難で養豚家の数は減ってきている。代わって台頭してきたのが商社系などの巨大な豚牧場。ＳＰＦ協会認定の無菌豚に近い衛生的な豚を１０００頭以上飼っている農場が関東を中心に25ある。

豚肉は牛肉よりも関税率が低く輸入の影響を受けやす

い。消費者の関心が価格の安さだけにあることが心配だ。

クラーク博士のつぶやき

「牧草地1ヘクタールに乳牛1頭」

三友盛行「マイペース酪農」～風土に生かされた適性規模の実現～農文協、2000年3月に出版された単行本。筆者は元中標津農協組合長、北海道酪農協会副会長。東京浅草生まれ、東京オリンピックの年に大学には行かずに軽自動車で一人北海道へ。1968年から牧場を開く。その経験からいまの多頭化に警鐘を鳴らす。「酪農適塾」も開いていた。以下はその概要。

乳量を増やし売り上げを増やそうと乳牛の数を増やす。施設を大型化し放牧もやめる。自家製の牧草主体の粗飼料よりも購入した穀物を多く牛に与えると、牛は自然と粗飼料をあまり食べなくなり、粗飼料が余るようになる。

そうすると牛を増やしても大丈夫だと思って若い牛を増やす。育成牛舎を建て、餌やりやふん出しのトラクターが必要になる。出費の増加で収益は減る。そこでさらなる多頭化をはかる。ふん尿で環境を汚染する。

朝から晩まで働き詰めの労働過重、牛には乳房炎などの病気が発生する。負債の増加でさらに働く。文化的な生活とは縁遠い日々となる。

こうならないためには、「搾乳牛の頭数を自分が持っている牧草地の広さに見合った数に抑える。それは1ヘクタールにつき1頭だ」。また「北海道の乳牛の平均2・5出産は少なすぎる。せめて5産にすれば経営も安定する」と説く。

クラーク博士のつぶやき

酪農体験牧場

「乳しぼりをしてみたい」、「チーズづくりを楽しみたい」。こうした酪農体験ができる体験農場が北海道には52か所もある。その組織、「地域交流牧場全国連絡会北海道ブロック」の会長をしているのが、道東・弟子屈《てしかが》町、摩周湖のふもとにある「渡辺体験牧場」の渡辺隆幸さん（54）。

戦後、福島県から入植した家族の二代目。乳牛120頭を飼う。酪農作業が忙しい夏、近くのユースホステルに来ている若者に声をかけ、アルバイト料を払って手伝ってもらった。しかし、牧場に来たい人が多いことに気づき、1989年から観光牧場を始めた。

いまは修学旅行が年間1万人、ほかに旅行会社を通じた団体旅行と個人旅行が2万人、合計3万人が来るようになった。夏の多い日は1日600人もが押し掛ける。バトントワラーズ全国2位になった長女と次女も手伝い14人で対応するときも。

乳しぼり、バター、チーズ、アイスクリームづくり、餌やり、牧草刈り体験など3つのコース。大きなD型ハウスの中では200人収容のジンギスカン料理、土産物販売などなど。

トラクターが引っ張るトロッコに乗車、大草原での昼寝、ボールけり、さらには書いてもらった手紙を3年間預かったあと宛先に郵送する「3年後に届く手紙」などアイディアは尽きない。

人の肌に一番近い油を採取

飼いやすく用途広いエミュー　東京農大オホーツクエミューらんど

エミューというダチョウに似た鳥をご存知だろうか。動物園に行けばたいていお目にかかれるが、原始的な感じで、そんなに人気のある動物ではない。これを飼育繁殖させて油、卵、肉などを得る牧場が網走市郊外にある。

牧場の名は「オホーツクエミューらんど」。1100羽のエミューが1万5000平方メートルの敷地に飼われている。中に入れてもらった。最初、少し警戒ぎみだったが、すぐ珍しそうに寄ってきて洋服のボタンをつつく。さわろうとすると身をかわすが、攻撃的ではない。おとなしい。臆病なくせに好奇心のかたまりだ。

エミューはダチョウ目の一種、身体の高さ1・6~2メートル、体重50~65キロで、ダチョウに次いで2番目に背の高い大型の走鳥類。羽根はあるが飛ぶことはできない。灰褐色の羽毛、雑食性で、草、種子、果実、昆虫など何でも食べる。オーストラリアの原野にいて、砂漠化しつつあるような土地でも生息でき繁殖力が強い。寒暖の差にも強く丈夫で飼いやすく人間に慣れる。

このエミュー牧場を誕生させたのは、網走にオホーツクキャンパスを構える東京農業大学副学長の

好奇心が強いエミュー

渡部俊弘教授だ。渡部教授は新婚旅行でオーストラリアに行った際、エミューを見て興味を抱いた。原住民は神の鳥としてあがめていて、オーストラリアの非公式な国鳥になっている。

1989年、東京農大はオホーツクキャンパスを開設して生物産業学部を置いた。それから間もない1996年、道北・下川町で日本で初めて畜産としてのエミューの飼育が始められた。アメリカ・モンタナ州立大学に留学していた今井宏さんがモンタナからエミューのオスとメスを取り寄せ、若い仲間3人で飼育を始めた。町内にはエミューがいる「ふれあい動物園」があり、焼き肉店ではエミューの肉が食べられる。

2年後、網走市の中山富士男さんが東京

タバコの箱と比べて、その大きさがわかる

農大の委託で８羽を輸入、その後ニュージーランドからも輸入し渡部教授らと連携して繁殖に努めた。それが１１００羽にも増えたのだ。そして２００８年７月、渡部教授らの研究が、内閣府の「地方の元気再生事業」１２０件のひとつに選ばれ、エミューの寒冷地での飼育方法の確立、オスメスＤＮＡ判定、ふ化率の向上研究に３０００万円の予算がつけられた。

エミューの皮下脂肪は動物の油の中では抜群にすぐれている。オレイン酸は保湿効果にすぐれ、リノール酸は清潔感を保つ効果がある。卵はアボカドそっくりの色をしていて鶏の卵の何倍もの大きさ。

網走市役所の並びにエミュー製品を販売する店がある。株式会社東京農大バイオインダストリーのアンテナショップだ。化粧品がいくつも並んでいた。エミュー牧場が化粧品メーカーに卸した油で作られた化粧品だ。クリーム、石鹸、洗顔フォーム、マッサージ用オイルなどなど。とにかくエミューの油は保湿性にすぐれ人の皮膚にもっとも近いそうで、その存在が知られてくれば爆発的に売れる気がした。マッサージオイルには炎症を抑える作用がある。

エミューの卵で作ったどら焼きも期間限定で販売されていた。卵は1個3000円から5000円もするという。ペット向けのジャーキーもあった。肉は赤い肉で鯨肉に似たあっさりした味で、高タンパク・低カロリー、コラーゲンがたっぷり。東京農大では部位の特性を生かした加工食品を開発している。たとえばモモ肉の鉄分は豚肉の6倍もある。脂肪やコレステロールは半分以下。それでソーセージなどに加工されている。毛もアクセサリーとして加工されて売られていた。皮も使い道があるというから捨てる部分はない。

渡部俊弘東京農大副学長

話を「オホーツクエミューらんど」に戻すと、牧場は清潔で匂いもほとんどしない。だからハエも寄ってこない。便が少し柔らかめだと思ったら、うんちとおしっこを同時に排出するからだという。けんかもしない。病気もほとんどしないから飼育しやすい。鶏のエサに似ている餌箱の配合飼料は食べ放題だった。

卵は1年に20個程度しか産まない。しかし中には30個も産むエミューもいる。どうすればもっと多くの卵を産むようになるか、研究が進められている。卵は52日でふ

東京農大オホーツクキャンパス

化。ひなは頭から尻尾に向けて縦じまが入っていて、いのししの子ども、ウリボウのイメージ。オスは1年半成長させて屠殺するが、メスは繁殖させるため15年も20年も飼う。

よく見ると足の指は3本だった。原始的な動物だ。牧場ではどこかで小さな太鼓を叩いているような音が聞こえる。これはエミューがのどを鳴らしている音で、オスは牛に似た「ブー」、メスは「ポンポン」という音を出す。

「肉は生かカルパッチョで食べるのがうまい。飼育する農家を増やすために生後2か月のひなどりを1羽4万円でネットで売っています。ここは3000羽を目標にまだまだ増やしますよ」そう語る飼育チーフの日置等さん。

釧路市音別町でもエミューが飼われている。建設会社社長ら7人で設立した「しんこう音別」が２０１1年からエミューの飼育を始め、１００羽を超える規模に成長した。２０１5年9月にはエミューオイルの化粧品を商品化。この化粧品はエミューオイル１００％で1本30ミリリットルを５４００円＋税でネット販売している。年間３０００本で、３年後には８０００本にする計画。

九州でも飼育する所が出てきた。福岡で１００羽、大分では石油販売会社が太陽光発電の雑草除去に20羽を飼い始めた。群馬県でも飼っている人がいる。

東京農大では食品香粧学科という学科も発足させ、食品や香料、化粧品の研究をしている。渡部教授は「1年に20個程度しか卵を産まないのがネックだが、畑作農家が兼業で飼うのに適している動物だ。農家の人がまだエミューの良さを知らないので、わかってくれれば爆発的に増えると思う」と期待を語る。

クラーク博士のつぶやき

増えるＴＭＲセンター

ＴＭＲは、Total Mixed Ration ＝完全混合飼料の略。牧草サイレージに、とうもろこし、大豆などの濃厚飼料、さらに豆腐の搾りかすなど食品製造の副産物を混ぜ合わせた栄養価の高い牛用の飼料。これを作って周囲の酪農家に供給するのがＴＭＲセンター。いわば牛のための給食センターで、酪農家がこうした飼料を作る手間が省ける。90年代末から普及してきた。

酪農家数軒が共同出資して設立したり、農業土木の会社が進出するなど、さまざまだが、北海道ＴＭＲセンター連絡協議会には２０１５年４月の時点で１２１社が加盟している。農家グループが設立したＴＭＲセンターの場合、牧草地を共有して牧草の刈り取りやサイレージ作業を、ＴＭＲセンターにまかせる場合もある。

牛の餌づくりには結構、労力と時間がかかる。背景に大規模化、高齢化がある。これをせずに外部から餌が持ち込まれると農家はその分、助かる。もちろん持ち込まれたＴＭＲに自家製の餌を加えることもできる。メリットとしては、農家はこの分、牛の管理・繁殖に集中でき、栄養計算されていることによる乳量の増加、健康維持、そして収益向上につながるとされている。

エゾシカ捕獲し飼育
衛生的に肉の処理、通年出荷　斜里町、知床エゾシカファーム

いる、いる、エゾシカが100頭ぐらい集まっている。と言っても、これは柵の中。知床半島ウトロの近く、オホーツク海沿いのエゾシカ牧場だ。世界自然遺産で国立公園でもある知床は、ヒグマも多いがシカも無数にいる。猟銃を発砲できない旅館街の近くに来るエゾシカの群れを餌を置いた囲いわなに誘い込み、多数が入ったところで入口を閉めて一挙に20頭ぐらいを捕獲する。そのシカたちを、冬の狩猟シーズンが終わり次の猟期までの間に出荷するために飼っている牧場だ。春が終わったころが一番多くて700頭もいたという。私が訪れた10月下旬は一番少ない時期だった。

北海道のエゾシカはいつの間にか急増した。私の周辺では多分2005、6年ごろがピークだったように思う。そのころ、美幌峠から屈斜路湖畔まで降りてくる国道243号線の8キロあまりの間に、車にはねられたシカの死体が5、6頭はあった。それが日常的だった。2010年には全道でピークの63万頭いたと推定される。

エゾシカは、奈良公園で観光客からせんべいをもらっているホンシュウジカより一回り体が大きい。寒い所に住む動物は厳しい冬を生き抜くため自然と体が大きくなる。明治の開拓が始まるまで北海道

のエゾシカたちはアイヌの人たちと仲良く共存していたが、開拓とともにほとんど全滅寸前になるまで駆除されたようだ。初期の開拓民は、もしいまのようにエゾシカが多いと夜も寝ずに畑の番をしたであろうが、幸いにしてエゾシカによる食害は受けなかった。

知床エゾシカファーム

その後の禁猟や保護政策、高度経済成長をへて、林業が衰退し牛のための牧草地が整備されていくにつれてシカは爆発的に増えてしまった。それで駆除する政策に変わった。２０１４年度は13万６０００頭が駆除されて、全道の生存数は48万頭とされる。

ピーク時より減ったとはいえ、まだまだ多い。道東・別海町の走古丹《はしりこたん》、根室海峡と風連湖にはさまれた細長い半島には、冬になると４０００頭ほどのシカが狩猟を避けて逃げ込んでくるという。ＪＲの花咲線や釧網線を走る列車は、シカに列車の接近を知らせる特別の警笛をつけているが、シカをはね、それを線路わきにどけるために停車することがたびたびだ。シカは本当におバカさんで、クルマにも列車にも逃げずに立ち止まったり自ら飛び込んできたりする。

このため畑は柵を張りめぐらさなければならない。冬の間、山林の木の皮をむしって食べるので木が枯れる。そして頻発する交通事故。農水省は捕獲に1頭8000円の奨励金を出した。これに市町村と農協が積み増しをするので、網走市では1頭2万円になった。これが効果を上げ、網走ではシカを目撃することがなくなったという。

飼われているエゾシカたち、人の動きに敏感に反応

7年ほど前まではメスジカを撃ってはいけないという規制があったが、いまはその規制はない。猟期は道東などでは10月から3月末までだが、シカの数が多い道北の西興部《にしおこっぺ》村と日高山脈の占冠《しむかっぷ》村ではこれより期間が1か月長い。鉛の弾は禁止、放置されたシカの肉を保護鳥を含む野鳥が食べて鉛中毒になるのを防ぐためだ。

猟銃で撃ったシカは、現場で血抜きをしたうえ、2時間以内にシカ肉処理業者に持ちこまないと受け取ってもらえないルールになっている。

2006年10月、北海道内の処理業者4社が「エゾシカ食肉事業協同組合」を設立。道は同じ年に「エゾシカ衛生処理マニュアル」を策定。現在、組合には7社が加盟している。釧路市阿寒町、斜里町、根室市、新冠町、豊富町、南富良野町、函館市の業者で、ほぼ北海道全域に分布している。全部の社が道の認証食肉処理施設だ。

冒頭の会社の「知床エゾシカファーム」は、地元斜里町の建設会社が新分野進出で設立した。２０１３年に衛生管理基準のＨＡＣＣＡＰ（ハサップ）で評価段階Ａ以上の認証を受けている。電気ショックでと殺する衛生的な精肉加工場。肉には、いつ猟銃で撃ち、どこで処理されたかがわかるように11桁の個体識別番号が付けられている。

ここで精肉、缶詰、ジャーキー、みそ漬けなどを作っている。年間２０００頭ほどを出荷。最大の取引先はコープさっぽろ、ここでは獣医師が肉を検査し安全面に独自の基準を設けて常時販売をしている。冷凍肉は首都圏にも出荷している。ペットフードにも多く使われている。皮は革製品業者へ、外国には出荷できない。

シカ肉の特徴は、脂肪が牛肉の10分の１の赤い肉、鉄やミネラルを多く含んでいる。ちなみに、シカ肉は別名、もみじ肉、いのししはぼたん肉、馬はさくら肉だ。エゾシカやイノシシなど野生動物の肉は「ジビエ」とも呼ばれる。ジビエ料理は静かなブームになっている。

北海道は２０１４年３月にエゾシカ対策条例を制定するとともに、道庁にエゾシカ対策課を設置。またエゾシカのレシピコンテストも行っている。焼き肉中心だった食べ方からシカ肉のおいしさを引き出す食べ方に変わろうとしている。

道は２０１６年秋に食肉処理施設の認証制度を始める。これまでは行政、大学、猟友会、獣医師会、食肉業者で組織する一般社団法人「エゾシカ協会」が認証してきたが、これが改めて道が審査したうえでの認証に切り替えられ、安全性がより保証されることになる。エゾシカ協会は毎月第４火曜日を「シカの日」としてシカ肉消費を推進してきた。

エゾシカ肉の商品

知床エゾシカファームのシカたちには牛に与えるような餌が与えられている。牧場には高さ3メートルの金網が張り巡らされていた。さらにシカをねらってやってくるヒグマよけの電流線が外側に張られていた。シカは春から夏は赤みがかった色をしているが、私が訪れたときは冬が近づいた時期だったので、シカの毛は長くなり集団だったため余計に黒っぽく感じた。

いまはここに捕獲したシカが運び込まれているが、駆除が進んで捕獲できるシカが確保できなくなった段階には、シカを牛のように繁殖飼育することになる。そうなれば採算の問題が生じるが、その時期はまだすぐではなさそうだ。

道産原料の焼酎ぞくぞく
先行の「清里」、新興の「十勝無敗」

北海道の農産物を原料にした焼酎がますます増えている。一昔前まで北海道では甲類の焼酎（＝梅酒などを漬けるホワイトリカー）を、お湯や番茶で割って飲むのが一般的だった。それがいまは北海道の市町村のほとんどで地元農産物を元にした本格焼酎（旧乙類焼酎）が作られるようになっている。

「北海道焼酎を応援する会」の鎌田孝会長のブログによると、北海道で現在醸造されている焼酎は350種類もあるそうだ。また北海道での焼酎消費量に占める本格焼酎の割合は40年前にはわずか1％だったが、2013年には14・3％になった。

その原料も多彩だ。小麦、じゃがいも、そばが代表的だが、あらゆる農産物、いや水産物もがいまや焼酎源になっている。以下、列挙してみよう。

コメ、もち米、とうもろこし、枝豆、青えんどう、白花豆、長いも、かぼちゃ、だったんそば、きな粉、さつまいも、紫芋、玉ねぎ、しょうが、しそ、ハーブ、行者にんにく（アイヌネギ）、ごぼう、ラワンぶき、アスパラガス、ブナ、牛乳、ミルクホエー、松茸、熊笹、ユリ根、チューリップ球根、昆布、海苔《のり》、ハッカ、コーヒー豆、バナナ。

コーヒー豆とバナナは、もちろん北海道産ではないので、ご愛敬だ。商品名も「ひぐま出現」とか「クリオネ」など北海道らしいものもある。市町村や農協がお遊び半分の試作品的に作っている焼酎もあり、商業的に成り立っていないものも多い。

醸造はどこでもできるわけではなく、特定の醸造所に集中している。そこに依頼して作ってもらっているわけだ。多いのが旭川の合同酒精、札幌酒精、サッポロビール、増毛《ましけ》の国稀酒造、小樽の田中酒造、後志・倶知安町の二世古酒造など。

このように百花繚乱ともいえる焼酎ブームの中で、注目を集めているのが知床に近い清里《きよさと》町の焼酎醸造事業所と十勝・新得《しんとく》町のさほろ酒造だ。

道路わきの看板

清里町のじゃがいも焼酎

清里町焼酎醸造事業所は2015年で開業40年を迎えた。知床半島の北側の付け根にある清里町。街はずれにある洒落た建物の「レストハウスきよさと」の奥に工場がある。南側には日本百名山のひとつ、標高1547

清里町の焼酎醸造所

メートルの斜里岳《しゃり》がそびえる。

１９７５年、清里町は特産品として焼酎を作ることになり、町職員の長尾将木さんを国税庁の醸造研究所に１年間派遣し学ばせた。そして廃校になった中学校の校舎を使って2年間研究したあと、じゃがいも焼酎を79年に完成させ発売。じゃがいもを原料にした焼酎は日本でほとんど初めて、乙類焼酎の製造は北海道で初めてだった。そして86年に現在の工場を建設、次第に評価を高めていった。この功労者の長尾将木さんは２０００年に58歳の若さで亡くなっている。

じゃがいもを原料にすると柔らかい風味とほんのりした甘さが出る。焼酎用のじゃがいもを栽培するのは町内の2軒の農家。醸造は9月下旬から11月にかけて。やはり町内産の二条大麦のもろみと蒸したじゃがいも（コナフブキ）に水を加え砕きかきまぜて仕込みをする。２週間後、発酵したところで蒸留、ろ過、6か月間貯蔵し水を加えるとでき上がりだが、さらにタンクで1年間、北米産のカシの木の樽で1年間熟成させる。２０１５年は4銘柄分23万キロリットルを醸造した。

清里町がほぼ北緯44度にあることから、アルコール度44度の焼酎を「北緯44度」と名付けるなど名前が各種あったが、２０１４年秋から名前を「北海道　清里」に統一。清里（25度）、樽（25度）、原酒（44度）、原酒５年（44度）の４銘柄にした。また小さなボトルの「清里の水」も発売している。

さほろ酒造の十勝無敗など

新得町のさほろ酒造

２０１５年、「十勝無敗」という名の麦焼酎が、北海道内で急に人気が出た。「十勝」は北海道では「とかち」と読むのが普通だが、この場合は「じゅっしょう」と読む。つまり、この焼酎を作っている「とかち」と、10回戦って1回も負けない気概とを組み合わせた酒飲み好みのネーミングがヒットしたのだ。

その会社、「さほろ酒造」は、十勝平野の西の端、新得町の狩勝《かりかち》高原園地の一角にあった。新得の市街地から国道38号線を西へ狩勝峠へ上がっていく途中の2合目にある狩勝高原園地。この公園には根室本線の旧狩勝線新内駅があって、ブルートレインの寝台車が保存され、線

さほろ酒造

路を使う遊具の足踏みトロッコがある。「さほろ酒造」はヨーロッパ風の白っぽい建物だった。

１９８７年、新得町の第３セクター、新得酒造公社のそば焼酎工場としてスタート。その後、技術提携した宮崎市のそば焼酎メーカーの雲海酒造と合併するが、雲海は２０１１年に撤退してしまう。地元の建設会社の仲鉢孝雄社長（62）があとを引き継いで現在の会社になった。

だからそば焼酎づくりは28年の歴史がある。しかし仲鉢さんはもっと種類を増やそうと２０１２年から大麦を原料とした「十勝無敗」の製造を始める。ネーミングは知り合いの東京のデザイナーだった。これがあたった。もちろん味もいい。翌年からは小麦の焼酎「ぱんぱか」も発売。これも評判がいい。さらに２０１５年、高級そば焼酎の「ナキウサギ」を登場させた。

社員はわずか５人。仲鉢社長が先頭に立って北海道内と東京に売り込みに回った。この積極的売り込み、人をひきつけるネーミング、新たなラインアップが功を奏して、たちまち年商５０００万円超に。ちなみに宣伝チラシには「負けない男の麦焼酎、北海道十勝《とかち》、十勝《じゅっしょう》無敗《むはい》」とある。一度は駄目

北海道の地ビール（日本全国地ビール図鑑より）
札幌開拓史麦酒、小樽ビール、はこだてビール、石狩番屋の麦酒、網走ビール、オホーツクビール、鬼伝説、北海道ビールピリカワッカ、小樽麦酒、おたるワイナリービール、帯広ビール、富良野地麦酒、大雪地ビール、大沼ビール、ニセコビール、薄野地麦酒、ノースアイランドビール

になった会社が見事によみがえった。これに一番驚いて喜んでいるのが、そもそもの設立者、新得町だ。

地ビールも盛ん

焼酎だけではない。北海道では地ビールの製造も盛んだ。

２０１６年の冬、オホーツク海の流氷観光に網走《あばしり》を訪れた中国人たちに人気だったのが、カラフルな「流氷ドラフト」。砕氷船で流氷観光を終えた中国人たちは「爆飲み」「爆買い」したという。

「流氷ドラフト」を作っているのは、網走の地ビール会社の「網走ビール」。この会社は、網走にオホーツク・キャンパスを開設した東京農大の研究をもとに１９９８年に設立。地ビールブームの衰えから２００６年には民事再生法の適用を申請するが、地元出身のカラオケチェーン、タカハシグループの子会社になって再建。

人気の「流氷ドラフト」は発泡酒、網走沖で流氷を採取し、これを仕込み水に使って天然色素のクチナシで流氷をイメージさせる鮮やかなブルーを実現。２００８年２月から製造販売を始めた。２０１５年からはビンのほかに缶入りの製造も始め、これがあたって海外にも輸出するほどになった。ロマンをカネに変えたのだ。

クラーク博士のつぶやき

屯田兵

屯田兵《とんでんへい》は、明治時代、北海道の警備と開拓を目的に作られた制度で、家族とともに入植し軍事訓練も行った。当時、北海道開拓次官だった黒田清輝が、南下政策をとるロシアに備えるとともに開拓も促進しようと政府に建議して実現。翌1875年（明治8年）、最初の屯田兵がいまの札幌市北区琴似に進出、その後「耕して守る」部隊は、内陸部へ、道東へと拡大していった。家屋と土地が与えられ、200戸程度を単位として中隊としていた。中隊がいくつか集まって大隊となる。西南戦争と日露戦争にも参加した。

ロシアのコサック騎兵の制度も参考にしたとされ、後期には20個中隊が増設されて上川、空知に入植した。与えられた土地は1・5倍となり、20年間の義務があった。明治32年の士別、剣淵への入植を最後に、その後の募集はなくなり、一般の徴兵制によって旭川に陸軍第7師団が編成されたあとの1904年（明治37年）、屯田兵制度は廃止された。

いまも屯田という地名は札幌市北区など各地にある。琴似には当時の家屋、道東の厚岸町太田には博物館がある。厚岸町太田には明治23年、440戸が入植し、2つの中隊が置かれていた。北見市は屯田兵の大隊が置かれて街が形成された。初期の屯田兵に士族が多かったこともあって、屯田兵の子孫は一目置かれる存在だ。

クラーク博士のつぶやき

池田ワイン城

十勝平野の東端、池田町の丘に建つ中世ヨーロッパ風のワイン城は、自治体自らがワインづくりに励んできた「地域起こし」の先駆的象徴だ。

１９５７年、当時の丸谷金保池田町長は窮乏する町財政立て直し策として、自生する山ぶどうでワインを作れないかと考え、職員の大石和也氏を国費でドイツに派遣する。寒冷地に適したぶどう栽培を並行して進め、失敗を重ねた末、70年にようやく「十勝ワイン」として商品化。当時の日本で、辛口のワインはなかなか受け入れられなかったが、74年に池田町ブドウ・ブドウ酒研究所であるワイン城を完成させ軌道に乗る。

「十勝ワイン」の成功は大分県の「一村一品運動」や各地の特産品づくりを呼び起こした。丸谷氏はその後、社会党の参議院議員に、大石和也氏は2代あとの町長になる。チリ産など安い外国産ワインが大量に輸入される現在も、「十勝ワイン」は６７４キロリットル（２０１３年）を製造販売、８億１０００万円の営業収益を上げている。町民には「町民還元ワイン」などが配られる。10月のワイン祭りには５０００人が訪れる。

北海道には池田町のほかに「富良野市ブドウ果樹研究所」など22のワイナリーがある。小樽の「北海道ワイン」は、国産ぶどうの使用量で日本一だ。

共同化で発展、枝豆で大躍進
小さいのに利益は北海道一　十勝・中札内村農協

２０１６年1月、十勝の中札内《なかさつない》村農協が「日本農業賞」の大賞を受賞した。日本農業賞はＪＡ全中とＮＨＫが毎年、全国の農業活動の中から優れたものを選んで贈っている賞で、これを受賞することは大変名誉なこと。中札内村農協は枝豆の製造販売でめざましい業績を挙げたことが評価され、集団組織の部で大賞に選ばれた。

実は中札内村農協は２０１０年にも同じ枝豆で日本農業賞を受賞している。このときは「特別賞」だった。今回はこれを上回る最高の「大賞」になった。同じような活動で、「特別賞」と「大賞」を重ねて受賞したのはほぼ例がない。

また中札内村農協は２０１４年度に一般企業の純利益にあたる当期剰余金が、北海道内１０９農協の中で1位になっている（別表）。

中札内村農協は正組合員２０９人の小さな農協。これが不動産で利益をかせいだり準組合員の預金が多い都市近郊農協や、最近の合併で誕生した巨大農協を抜いて1位になったのはなぜか。

中札内村は十勝平野の真ん中、帯広市の南にある東西に細長い平野の村。日高山脈中部を源流とす

北海道の農協　剰余金ベスト10　（2014年度）			
（　）内は前年度の順位			
1位（6位）	中札内村	十勝	7億0142万円
2位（1位）	帯広かわにし	十勝	5億4566万円
3位（2位）	士幌町	十勝	5億2887万円
4位（4位）	きたみらい	オホーツク	5億1565万円
5位（5位）	めむろ	十勝	4億7180万円
6位（7位）	鹿追町	十勝	3億6990万円
7位（ー）	きたそらち	空知	3億2601万円
8位（3位）	おとふけ	十勝	3億2157万円
9位（ー）	さっぽろ	石狩	3億1862万円
10位（10位）	道東あさひ	根室	2億9766万円

る札内川が村の中央を流れる。とかち帯広空港がすぐそばにある。

戦後の昭和22年（1947年）大正村（現在は帯広市に編入）から更別村とともに分村して誕生した。開拓が始まったのは明治後期の明治38年。総面積292平方キロ、人口は昭和35年の5100人をピークにやや減って現在は3900人。これでも北海道の村の中では人口が一番多い。農業のお手本のような村だが、「中札内美術村」や「六花の森」など美術の村としての顔も持つ。

分村の翌年の1948年、中札内村農協が発足。土地は火山灰地で粘土質が少なくやせていた。当時、農家は豆類の栽培が主だった。なかでも小豆は投機的作物とされ、でき不できが激しかった。またいまのようなトラックターはなくすべて馬の力に頼っていた。農協は発足後5年で多額の負債をかかえ、役員総辞職となった。

中札内農協歴代組合長の写真

基礎を築いた四代目梶浦組合長

そこに登場したのが梶浦福督（かじうら・よしまさ）さん、当時41歳。農民組合の若い人たちに押されて第四代組合長に就任した。彼は独自の理論と実行力で組合員を引っ張った。

農協は全組合員参加による運営で、すべてガラス張り。「農村にはまだ封建主義の考え方が色濃く残っている。民主化が必要だ」として、彼は、1．貧困の追放、2．奴隷労働の追放、3．農村支配体制の追放を掲げた。

梶浦組合長は7歳のときに一家を挙げて道央の砂川から中札内に移り住み、農作業をしながら、のしかかる不合理を見つめ考えてきた。まず彼が進めたのは夜ごとあちこちで開く「新しい農業はどうあるべきか」の話し合いだった。それまで農家の会合は戸主だけが出席できた。それを若者や婦人など働く人なら誰でも参加できるようにした。農協職員も議論に参加した。「まるでけんかだった」と梶浦さんはあとで振り返る。

そこで次々に出た結論はおおむね以下のようだった。

▲まず栽培作物を豆類偏重にしないようにする。

中島生産組合の牛舎

▲農作業の共同化、協業化、経営の法人化、大型機械の共同化を進める。
▲酪農や畜産で出るふん尿を、共同で畑に還元し土づくりをする。酪農・畜産と畑作の連携。
▲農産物をそのまま出荷するより、できるだけ加工し、その分高く売るようにする。

などなど、今日で言えば当たり前のことが連夜の議論で打ち出され、これを農協が実行していくことになった。

こうして翌年の昭和29年から第1次5か年計画が始まった。30年から生乳の集荷が農協の手で行われるようになった。当時は雪印、明治が決める乳価で酪農家はあえいでいたので、より高く売れるようになった。さらに澱粉工場と乾燥工場が建設され、31

年には肥料配合工場が建設された。32年からは牛乳の市販を始めた。この市販牛乳はのちに十勝8農協によって設立された協同乳業（現在のよつ葉乳業）に引き継がれていく。十勝初の完全学校給食も農協が支えた。

昭和34年には農協と村が費用を半分ずつ出し合って「北海道畑作研究所」を設立。北海道大学農学部の矢島武教授を所長に、村内の各種機関、団体が加わった。設立趣旨は「畑作農業経営の近代化、合理化の改善方向を探求すること。農業が企業として限りなく発展することが農村社会にとっての重大関心事でなければならない。具体的な見地に立って基礎的諸研究を進める」とあった。やみくもに当面の課題解決だけをしていたほかの農協とは、まるで姿勢が違っていた。

35年には農業生産法人がまず3社設立された。法人化はその後どんどん進む。土づくりも進んで、いつの間にか中札内の農業は他地域に一歩先んじるようになった。

飼料工場、じゃがいも貯蔵施設、麦乾燥工場も、農畜産物加工工場も作られた。機械センターや機械銀行も設立された。どれも試行錯誤を重ねて次第に形が整えられていった。昭和46年にはそれまで農協が行っていた日常生活物資の購買事業を生活協同組合を設立して切り離し、運営を婦人たちの手にゆだねた。また59年には中札内村畜産研究所が設立され、所長に帯広畜産大学の西村正一教授を迎えた。

こうして梶浦組合長時代は31年間続き、この間に中札内の農業と中札内村農協は大きく発展を遂げ

「有機農業の村宣言」（抜粋）1985年12月
中札内村農業技術会議
「土から出たものは土に返せ！」
1．生態学的循環の法則を守ります。
▲輪作なくして農業なし
▲家畜なくして農業なし
▲ミミズの好む土づくり
2．「農薬万能主義」からの脱却をはかります。
3．「安全」を合言葉に消費者と連携します。
▲消費者の理解を求めます。
▲消費者が望むものを生産します。

今日の基礎を築いた。梶浦さんはホクレンの専務理事、北海道共済農協連の会長も務めた。

農民運動家出身の梶浦さんにはいくつもの逸話が残っている。たとえば昭和46年にいまの農協の3階建ての立派な建物が完成したが、当時の梶浦組合長はこの建物を「農協」とは呼ばず、「農業管理センター」と名付け、その名称はいまも引き継がれている。

また中札内村農協組合長を辞めて9年後には、脱農協を叫んで「北海道広域農協」を設立し自ら組合長に就任。道からも認可されて組合員を募り、「脱農協」という本も出版したが、参加する人が少なく大きくはならなかった。

早期に「有機農業の村」宣言

さてもちろん梶浦組合長のあとの歴代組合長も改革と実行を重ねる。昭和60年には有機肥料の投入量が10アールあたり1・92トンを記録、「有機農業の村」宣言となった。いまは大目標

2・5トンの実現を目指している。

農業法人や小組合の数も増えた。共同経営法人が5、協業経営法人が1、個別経営法人が37で、合わせて53戸が法人化している。残りが個人経営。そのほかの法人として機械センター3、ヘルパー1、農事組合法人2がある。

中長期計画はその後も立てられ実行されていった。現在は第12次5か年計画の途中だ。

村役場の隣にある中札内村農協を訪れ、林雄司総務部長に会った。応接室には歴代組合長8人の写真が飾られている。現在の山本勝博組合長(73)は、第9代で5期目、山本組合長は十勝の24農協で組織する十勝農協連の会長でもある。柔道七段の馬力で十勝を引っ張っている。

林総務部長は、中札内村農協が現在のように発展したのは、組合長の指導力もあったが、主体である組合員の意見を吸い上げてそれを実行してきたからだと説明する。そして2014年度の組合の売り上げは122億7000万円、農家1戸あたりの農業所得は1562万円、2位の農協が700万円台だというから中札内のダントツぶりがわかる。

そしていまの山本組合長が力を入れているのが枝豆。日本農業賞を2度受賞したり、剰余金が北海道一になった背景には山本組合長の努力がある。組合長自身がトップセールスで全国と海外を歩き、中東のドバイなどへの輸出も実現している。

中札内農協の枝豆工場

収穫3時間以内で処理する枝豆工場

その枝豆工場を見せてもらった。工場は市街地のはずれ、国道わきの直売所の奥にあった。垰田《たおだ》英昭課長に中を案内してもらった。手を洗い、白衣にマスク、白い長ぐつをはき、エアーカーテンをくぐると、大勢の女性が機械の間で働いていた。この人たちはほぼ全員、食品衛生責任者の資格を取っているという。

畑で収穫された枝豆はトラックで大急ぎで工場に運びこまれ、残留農薬検査、規格外や不純物の選別、洗浄、塩味（13％）をつけ3分30秒ゆでる。それをマイナス196度の液体窒素に浸して瞬間冷凍し保存する。これらの作業を収穫してから3時間以内にこなしている。保存したものは300

「北海道産　塩味えだまめ」

グラム入りの「塩味えだまめ」をはじめ販売先ごとに違うパッケージにして1年かけて少しずつ出荷していく。

液体窒素で瞬間冷凍すると収穫したときの風味が閉じ込められ、食べるときに解凍した後も色落ちせず、収穫したままのみずみずしい緑色が保てるという。さやからむいた豆も出荷しているが、コンベアーの上を流れる豆はびっくりするほどあざやかだった。

隣接する倉庫の中はマイナス28度、４０００トンを収納できるという。80人の女性を雇用していて朝6時から夜9時まで2交代制で作業している。収穫期は働く人を増やして24時間3交代で作業をする。

いまや中札内村農協の代名詞的存在となった枝豆の栽培は１９８３年（昭和58年）にまず種子づくり、翌年、３軒の農家が試験的に始め、機械がないので実を手でもいで収穫した。コープさっぽろ、日本生協連との提携もあって栽培面積は徐々に増え、収穫機械が導入され加工工場が建設されたが、画期的な拡大をしたのは２００５年（平成17年）だった。

加工工場の増築、１台５２００万円もするフランス製大型ハーベスターを導入することによって、栽培面積は一挙に137ヘクタールと3倍に拡大した。その後、年ごとに増え続けて2009年には577ヘクタールとなり、2010年には生産額が最高の5億4774万円に達した。大型ハーベスターは3台になった。

トップセールスで成果あげる山本組合長

枝豆は農協が農家から買い上げ、加工して販売している。実はわが国の枝豆は8割が輸入である。中国、台湾、タイなどからだ。中札内の枝豆も最初は安い外国産に押されて売れずに赤字だった。2002年に就任した山本組合長が部下の職員に尋ねると、訪問した相手先から「検討します」と言われるだけで、実質は門前払いだという。それならば組合長本人が行けば、話を少しは聞いてもらえるだろうと、柔道の人脈を頼りにトップセールスを始めた。

山本勝弘組合長

それが次々に実を結んでいった。大手外食チェーン、イトーヨーカ堂などの量販店、生協、居酒屋チェーン、そして学校給食にも販路を広げた。ある県からは炊き込みご飯用の豆100万食分の注文が来たという。

海外へも行った。努力の結果、輸出先はアメリカ、シンガポール、ロシア、アラブ首長国連邦など。いまや売ろうにも品

阿部敏己さん

物がないときもあるほどだ。実に優秀なセールスマンである。

酪農は共同化で新しい産業像に

さて中札内村の農業がいかに発展してきたかを説明してきたが、もっと立体的に理解したいと、旧知の阿部敏己さん（64）を訪ねた。中札内の市街地から札内川を越えた中島地区に牧場があった。私が1984年、アメリカに受精卵移植の取材に行ったときに一緒に行ったアメリカ酪農技術調査団の一員だ。このとき中札内からは実に5人の若者が参加していた。ちなみに阿部さんのお父さんは第六代の組合長だ。

阿部さんの家は畑作専業だったが、彼が帯広農業高校時代に酪農をやろうと言い出し、叔父さんと2人で酪農を始めた。それが自宅裏の「みどり牧場」。1972年に法人化、資本金300万円、年商3億8000万円。従業員7人で搾乳牛285頭、経産牛310頭、育成牛250頭を飼育している。現在は長男の崇訓《たかのり》さん（40）が社長だ。

これとは別に地区の酪農家3人で設立した有限会社「中島生産組合」が近くにある。ここは乳牛630頭、育成牛550頭とさらに大きく、阿部さんはここで代表取締役。従業員は14人。

さらにこの一角に13戸の酪農家で作った乳牛のメス子牛の保育施設、農事組合法人の「カーフゲート」がある。次男の淳也さん（36）が代表だ。子牛を生後3日目から預かり8か月まで育てるのが役目（オスの子牛は生後1週間で販売される）

8か月のあとは、種つけをして村の大規模草地育成牧場に預けて放牧する。冬の間もここに預かってもらい分娩前に受け取る。

これらの酪農施設を支える幾つもの仕組みがある。まずはえさ、飼料工場。これは農事組合法人の中札内飼料組合という名称で、購入した飼料を自己責任で目的に応じて混合する。8戸が出資し他の16戸も購入できる。酪農、養豚、養鶏も利用している。この組合の「憲法」とされているのが興味深い。1．利益の配当は行わない、2．役員報酬は支払わない、3．飼料代金は毎月清算する、など。ほかの組織もほとんど同じ取り決めだ。

もうひとつは有限会社「中島機械センター」、1972年設立。保有する大型機械を使って飼料用

酪農家　阿部敏己さんから見た関係図

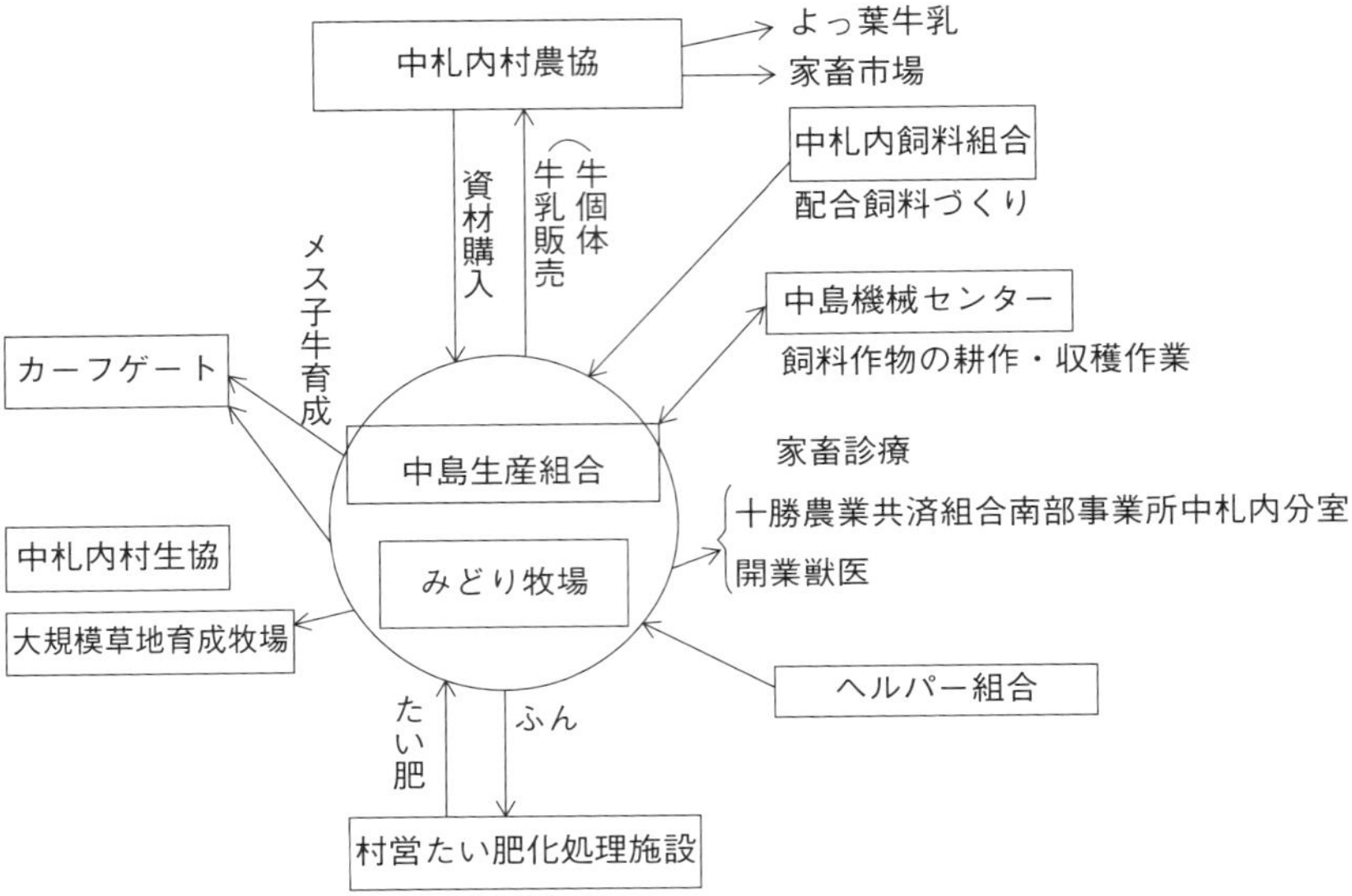

とうもろこしや牧草の耕作、収穫、し尿の畑散布などをしてもらう。中島地区の24軒が加盟している。これも代表取締役が阿部敏己さん。上札内機械センター、中札内機械技術センターとともに、この上に中札内農業機械銀行があって、機械の仕事の割り振りをしている。

さらにヘルパー組合がある。これは北海道で一番早く作られた。酪農の人手が足りないときに応援で働いてくれる。個人経営の酪農家は、これがないと病院にも行けないが、人手が多いはずの共同牧場もこれで休日が取れている。

また村が運営するたい肥化処理施設も牧場に大きく関係する。

そしてやはり一番役に立っているのが農協だ。毎日の牛乳の集荷納入、牛の個体の販売、資材の購入など重要な役割をになう。

阿部さんの酪農をめぐる仕組みはこのようにして成り立っていた。このうち純粋に阿部一家の牧場である「みどり牧場」（叔父さんはその後畑作専業になった）は、先進的な牧場だった。驚いたことに1日3回の搾乳をしていた。3回しぼりは中札内でも4軒だけだという。また牛群の改良のために受精卵移植を積極的に行っていた。その結果、1年に2万キロ近くの乳を出す立派な牛も出ているという。

阿部さんは「酪農はひとりや1軒だけですべてをやらずに分業が大切。そうすれば休日も確保され人間的な生活もできる」と話す。

このように中札内の農業、なかでも酪農はタテヨコ斜めの分業で結ばれ互いに発展していることがわかった。

中札内村は平成の大合併も拒否した。2004年11月28日、隣の帯広市と合併するかどうかで住民投票。その結果は、投票率81・61％、合併する42・58％、合併しない57・42％で合併を否決している。大きな帯広市の中で埋没するよりは小さなまとまりの方を選んだのだ。

つまり決して広くはない地域での深いつながり、それが中札内発展のカギだったと言えるのではないだろうか。それと、もう一つは今でも脈々と流れる梶浦福督さんの農民組合的思想が組合の民主的な運営、チャレンジ精神という形で表れているように思われる。

枝豆はさらに発展しそうだ。また大豆の葉っぱに含まれる「ピニトール」という血糖値を下げる成分を抽出精製して新商品を作り出す協定が、神戸に本社がある食品メーカー「フジッコ」と十勝の自治体が作る協議会の間で結ばれており、期待される。

山本組合長は、「剰余金は組合員に分配する。経済的な理由からの離農者は一人も出さない。枝豆は村にとって第5の作物だが、今後、第6の作物に育て上げるのが「ヤマゴボウ」だ」と語っている。

最後に国道わきにある「道の駅なかさつない」に寄った。「ビーンズ亭」という豆の記念館もある。町内の各種農産物も売られている。人気は中札内名産の卵、安くてうまい。茶色い有精卵だ。私も14個入りの袋をお土産に買った。アメリカ帰りの婦人らが作ったピクルスも。そして昼食は、懐かしいたまごかけごはん。帰りのハンドルは満足した気分で握った。

クラーク博士のつぶやき

止まらない離農
増える廃屋

歳をとったので農作業ができない。病院通いができない。息子や娘が後を継がない。などの理由で離農する人が北海道でもじわじわと増えている。

北海道農政部の「平成25年離農実態調査」によると、平成25年＝２０１３年中に離農したのは８２４戸で前年より78戸増えた。北海道での離農は昭和45年＝１９７０年に約４７００戸、平成２年＝１９９０年に１７００戸と、２つのピークを記録したあと、近年は、２００９年６９２戸、10年６３６戸、11年７３９戸、12年７４６戸だった。

持っていた田畑や牧草地は平均13・３ヘクタール。10ヘクタール未満という小さな経営が多かった。上川と空知管内が多く、稲作が46％、畑作28％、酪農16％だった。これらの農地の大部分は周辺の農家に買い取られ、離農した老人たちはその代金で都市部に移動している。買い取った農家は規模を拡大している。新規就農者が買い取るケースもわずかにあるとみられるが、その実態はわからない。

写真は札幌郊外の江別市角山で。

6次産業化進める長沼町の農業
札幌からの客で絶えないにぎわい　夕張郡長沼町

札幌から車で1時間、札樽道の高架下の国道274号線を一路南東へ走ると、広い石狩平野の田園地帯に出る。1本道をさらに走って、ここらでちょっと休憩と思う場所が「道の駅マオイの丘公園」だ。産直の店がずらりと並んで野菜などを売っている。全部地元の農家の人たちの店で札幌などからの客でにぎわう。ここは夕張郡長沼町《ながぬま》、農業関係者の間では有名な6次産業化を進めている町だ。「6次産業化」ということばが、いまや農業の世界で合言葉のようになっている。どういう意味かというと、1次産業である農業が農産物をそのまま出荷するだけでは、でき不できに左右され、外国からの安い輸入農産物の影響を受ける。しかしその農産物を生産農家が加工し、しかも販売もすれば加工賃と販売利益も同時に得ることができる。農業という1次産業が加工という2次産業、そして販売という3次産業まで行えば、1＋2＋3＝6となるので6次産業化というわけ。いや、足し算ではなく相乗効果を呼ぶのだから1×2×3＝6という掛け算だという人もいる。

この農業の6次産業化を町ぐるみで推進しているのが長沼町。人口1万1700人。石狩平野の南東部、もう少し東に行くと夕張山地になるが、その手前の町内東部に低い丘、馬追（マオイ）丘陵がある。マオイはアイヌ語で「ハマナスのある所」という意味。明治の開拓時代、「馬追」という当て字が作られた。

少し年配の人なら知っている「長沼ナイキ訴訟」の舞台だ。1970年代、石狩平野を見下ろすこの丘に航空自衛隊の地対空ミサイル、ナイキ・ハーキュリーズの基地が建設された。これに反対する住民が自衛隊の合憲性を問う行政訴訟を起こし論議を呼んだ。一審は原告が勝ったが、二審で破棄され最高裁で上告が棄却された。

いまはナイキに代わってパトリオットが配置されている。この丘は新千歳空港に隣接する航空自衛隊千歳基地を敵の攻撃から守る重要な位置なのだ。新千歳からは車で30分、飛び交う飛行機が光って見え、爆音も時折聞こえる。札幌から、そして千歳から近い農村はほかにもあるが、長沼町はこの地の利を最大限生かして成功させた。

1985年ごろ、大分県の「一村一品運動」が有名になったのに刺激を受けた長沼町は、まず特産のトマトでトマトジュースを作った。これを手始めにリンゴジュースなど特産品づくりに知恵をしぼる。典型的な水田地帯だったが、減反政策によってコメづくりは面積の30％になり、野菜の出荷額が3分の1を占めるようになった。一方、札幌などから農村の景観と新鮮な農産物を求めてドライブに来る人が多いことから、「農業と食の町」というイメージで町を活性化しようということになった。

そして道の駅をはじめ町内各地で野菜や漬物などの加工品を売るようになった。9月中旬、マオイ

マオイの丘の直売所

の丘に行ったとき、町内の農産物直売所のお知らせ看板が目についた。いっせいオープンが6月20日、9月23日に収穫祭、11月3日4日に大感謝祭という日程。もちろんこの間も直売所はずっと開かれている。

11月上旬に再び行ったとき、途中の西長沼ポケットパークの直売所はたまたま閉まっていたが、その先にある町役場を訪ねた。平成25年度に開設されたばかりの産業振興課・食のブランドづくり推進室の麻田亮一係長に話を聞いた。

札幌から近い長沼町は、「交流人口」という見方をすると250万人にもなり、これは北海道の人口の半分にあたる。そこで「そこなしにうまい長沼です」などのキャッチフレーズを作って「イメージづくり」をした。また町民向けの食品加工講習会、衛生管理講習会を開き、長沼産の食材を提供するお店を町が認定した。現在21店。さらに町外の企業の協力を得て「長ねぎのドレッシング」「オニオンスープ」を商品化。とくにドレッシングはもっと長沼産の野菜を食べようという戦略だという。

２００５年には国の構造改革特区として「グリーンツーリズム特区」「どぶろく特区」に認定される。グリーンツーリズムというのは、農業や農村を体験しながら旅行、とくに宿泊をしようというもの。町内１８３人の会員で運営協議会を組織していて、このうち１５０軒が旅館業としての許可を受けている。

新千歳空港が近いこともあって、道外からの中高生の農業体験修学旅行が増えた。大阪、兵庫、関東からの2泊３日が多い。それぞれの宿は大きくないので、町役場で調整して人数を振り分けている。また馬追丘陵にある第三セクターの長沼温泉は50度以上の温泉が湧き出ていて多数が泊まれるため、ここを利用することもある。

スキー場やパークゴルフ場、ゴルフ場も作られている。

農産物直売所は12か所あって、２０１４年は合わせて４

億1100万円を売り上げた。さらに農家の庭先での販売もある。レストラン、ジンギスカン店、食堂、菓子店なども増えた。町内に都会の人の姿があふれるようになった。

どぶろく特区は、普通は認められないどぶろくを自家米をもとに醸造することを特別に税務署から認められる地区。北海道では長沼町と新篠津村だけだ。長沼では現在5軒で作られている。このどぶろくのポスターが大胆で面白い。「隣り町なら密造酒、長沼町はどぶろく特区認定」とある。

ファームレストラン「ハーベスト」

農村レストラン、どぶろく販売

町役場でもらった地図を頼りに、5代続くリンゴ農家の仲野農園が経営するファー

どぶろくを作る阪正光さんと良子さん

ムレストラン「ハーベスト」に食事に行った。低い丘の上にある農家のようだが、近づくと洒落た洋風の木造建築。昼時とあって駐車場も店内もいっぱいだった。女性客が多い。メニューもいろいろ。

注文したカレーはおいしく量も多かった。大きなじゃがいもが2個、カレーの上に載っていた。調理師免許をとった奥さんは忙しそうに料理を作っていた。スイーツも売られていた。数人の従業員が働いていた。

次にどぶろくを求めて「阪農場」を探した。畑の中のビニールハウスの直売所で聞いたら、そこにいたのが奥さんの阪良子さん(70)。漬物づくりのグループに属している。夫の正光さん(68)は近くにある自宅のどぶろくの部屋にいた。コメ28ヘクタール、野菜2ヘクタールは長男と次男にまかせている。孫も2人。

どぶろくづくりは2年間苦労したという。酸っぱくなったり、カビが生えたりで、失敗を重ねるうちにいいものができるようになった。うるち米の「ゆめぴりか」で作ったどぶろくが自信作。1本いただいて家に帰ってから飲んだが、本当にうまかった。

長沼町のどぶろくポスター

長沼町には明治の開拓時代をしのばせる遺構も残っている。平野ならではの小さな運河、馬追運河だ。湿地帯だったこの一帯の水はけをよくするとともに、農産物を小舟に載せ夕張川なども利用して札幌まで運んでいた。隣りの野幌町や栗山町などの明治大正昭和の遺構と合わせて社会科の学習対象にもなる。

また町内には道立中央農業試験場もある。さらに文学でも第1回樋口一葉賞を受賞した辻村もと子の長編小説「馬追原野」があり、丘陵に文学碑も建っている。

長沼町の6次産業化はまだ現在進行形だが、客はすでに多すぎるほど押し寄せている。

田んぼで飼料用とうもろこし　長沼町の先進的光景

長沼町には、もうひとつ農業関係者をびっくりさせる光景が広がっている。それは田んぼで飼料用とうもろこしのデントコーンを栽培していることだ。コメの国民1人あたりの消費量はこの半世紀でほぼ半減。多くの田んぼが休耕したり転作をし、飼料用米を作っている所もある。しかしデントコーン栽培はあまり例がない。

これを始めた人は柳原孝二さん（36）、2011年から休耕田でデントコーン栽培を始めた。10アールあたり1トン前後という多い収穫量から、試みる農家が増え2015年春には30人で生産組合を組織。デントコーンは酪農・肉牛・養豚・養鶏向けに飛ぶように売れる。高い輸入とうもろこしに頼らない、しかも手軽にできる日本の食料自給率向上だ。

一方、隣の岩見沢市では水田でコメだけでなく、秋まき小麦、ビート、大豆、玉ねぎなどの輪作をしている。いまや水田は用水路と埋設パイプの利用で地下水位を自由自在に変えることができるようになった。これでこうしたことが可能になった。

クラーク博士のつぶやき

北海道農業支える産業・企業

農業に欠かせない肥料・農薬・資材・燃料・種子は、ほとんど農協で扱っている。できた農産物の販売もほぼ農協だ。しかしほかにも多くの業種が農業を支えている。

どこに行っても市街地のはずれにあるのが農業機械の店。北海道では本州で見られない巨大な輸入農機具を展示している店が多い。

そして酪農と肉牛生産を支えているのが飼料工場。港湾地帯にある場合が多く、ここから農家まで飼料を運ぶのが運送業、農業を支えるのは運送業だという人もいる。

こうした中で活躍が目立つ会社がある。札幌の雪印種苗は雪印メグミルクの子会社、配合飼料の製造販売が売り上げの75%を占めているが、牧草や飼料作物の種子・苗の生産販売で貢献している。

江別製粉は農水省や経産省からの受賞が多いが、「北の小麦未来まき研究所」を設立して小麦の研究を展開している。

音更町の山本忠信商店、「ヤマチュウ」と呼ばれる雑穀卸の道内大手業者。２０１１年、十勝初の製粉工場を開設。十勝小麦・小麦粉連合や生産者１９０人で「チホク会」、小豆生産者１２０人で「ビーンズ倶楽部」を設立。小麦の「ゆめちから」を推進している。シンガポールに現地法人を置いて北海道産品の輸出にも力を入れている。

日本産の砂糖の原料「ビート」
食糧自給率と輪作支える重要作物

寒い北海道で砂糖が大量に作られていることを知っている首都圏の人は少ないはずだ。私自身も30数年前、転勤で北海道に行って、「ビート」と呼ばれる砂糖ダイコンから砂糖を作っていることを初めて知った。それまで砂糖は砂糖キビから作り、足らない分は輸入していると思っていた。

実際には沖縄や鹿児島県の南西諸島産の砂糖キビから生産される砂糖はわずか。日本産の砂糖の大半は北海道生まれなのだ。そして国内消費量に対しての不足分約60％が輸入という現実がある。

TPPでも砂糖は重要5品目のひとつとして一応守られた。しかし実質的な関税率は徐々に引き下げられる方向とみられる。砂糖がなぜ重要5品目の中に入ったのか。戦前生まれの筆者は戦中戦後の砂糖不足を体験している。砂糖が輸入できなくなれば子どもの成長にも影響する。大人も疲れがとれない。災害時非常食のかんぱんの缶詰にも氷砂糖やコンペイトウが入っていることでも砂糖の持つ重要性がわかる。その苦しみを知っている立場から政府が砂糖を重要5品目に入れたことが理解できる。砂糖は国民の重要なカロリー源（8％）なのだ。

それだけではない。ビートは北海道の農家の収入源のひとつであるとともに、同じ作物を同じ場所で作り続けることによる「連作障害」を避けるための「輪作」の大事な作物のひとつでもある。
そのビートとはどういうものか。まずは次頁の写真を見ていただきたい。砂糖ダイコンという別名があるが、ダイコンというよりカブに似ている。それも巨大なカブだ。これをしぼって汁を濃縮すると砂糖になる。

ビートは正式には「てんさい」と呼び、漢字は「甜菜」と書く。舌が甘いとはうまい表現だ。植物学上はナデシコ目ヒユ科アカザ亜科フダンソウ属の2年生の植物。ヒユ科はほうれんそうと同じだが、ダイコンとは別の植物。フランスやドイツでは砂糖といえば甜菜糖のことを指す。1747年にこの植物から砂糖が採れることをドイツで発見、栽培が始まる。

日本には明治3年（1870年）に入ってきた。明治14年、オホーツク海沿岸の紋別で官営の製糖工場が操業を始めたが、うまくいかず中止。その後、民間会社の製糖工場がいくつもできては合併、廃止などを繰り返した。

現在は道内に合わせて8つの製糖工場がある。「日本甜菜製糖」が芽室、美幌、士別の3製糖所、「北海道糖業」が北見、本別、伊達の3製糖所、「ホクレン」が十勝の清水と中斜里の2製糖所を持つ。地域的には十勝が3か所、オホーツクが3か所、そのほかは道北と道南に1か所ずつという配置。それぞれが周辺の農家と契約を結んでいて、秋の終わりに土がついたビートをダンプカーで受入れ、春先までかけてこれを精製する。あとのシーズンは出荷作業だけとなる。

畑作農家はビートを栽培している家が多い。北海道では9000戸が栽培している。冷害に強く政府の所得補償もあって安定的な収入になるからだ。

3月下旬、ハウスに機械で種子をまく。農協から買い入れる種子は消毒され作業しやすいように粘土で覆われている。40日から50日後に葉が4枚ぐらいになると、そのまま畑に植える。種まきから畑に植えるまでの過程をスムーズにしたペーパーポットは、数十年前、日本甜菜製糖が発明したもので、紙のポットは生育するビートによって破られ土に同化してゆく。

晩秋、畑にヤマ積みされたビート

ビートは夏ごろには九州の高菜を思わせる大きな緑の葉を幾重にも伸ばして地中の根の成長を想像させる。カブに似た根は1個あたり600グラムから1200グラムにもなり、14〜20%のショ糖を中に蓄える。秋口の朝、霜が降りて日中、天気がいい寒暖の差が糖分を生み出す。こうして10月中旬から11月中旬にかけて機械でビートを掘り出す。葉っぱは畑にすき込まれて緑肥となる。

掘り出されたビートはダンプカーで契約先の製糖工場へ運ばれる。以前は重さで取り引きされていたが、いま

ビート畑

は糖分によって買い取り価格が決まる。基準糖分というのが決められていて、以前は17%だったが、いまは16%。製糖工場では、どこの農場から運ばれたものか確認したうえ、積んであるビートを2台おきに抽出して糖度を分析し記録、後日清算する仕組み。美幌にある製糖所の場合、ピーク時に1日1100台ものダンプカーが出入りするという。

工場ではビートの土を洗い落とし、数ミリ角の棒状に裁断、70度の湯をかけて糖分を浸透させ、濃縮、結晶の過程をへて20時間でグラニュー糖ができあがる。糖分をしぼったあとのビートかす（ビートパルプともいう）は、牛のえさにされる。このようにビートは捨てるところがない。さらにビート糖蜜からイーストや天然オリゴ糖などの食品添加物も生産されている。

日本の砂糖の消費量は年間195万トン（2014年）、これに対して国内生産は73万トン、うち北海道が67万トンを占める。だがビートを栽培する農家はやや減少傾向にある。このためホクレンなどは苗の植え付けを手助けするなど原料確保に懸命だ。

不足分は輸入でまかなわれる。世界一の砂糖生産国はブラジル。中国が砂糖の輸入を増やしているため国際価格は上昇傾向。日本の粗糖の輸入先は、タイ、オーストラリア、南アフリカ（多い順）。これに国内産の砂糖価格との格差をなくすための調整金がかけられる。1キロあたり103・1円という場合もある。調整金は農水省の農畜産業振興機構という外郭団体が徴収し、これを財源に国費も加えて農家や製糖会社への交付金となる。

TPPによって輸入砂糖に対して若干の緩和措置がとられることが考えられるが、甘味資源を外国まかせにはしないという原則は守られるはずだ。日本の砂糖の自給率は北海道の農家によって支えられている。

クラーク博士のつぶやき

遺伝子組み換え作物

「遺伝子組み換え作物」（ＧＭ作物）とは、生物の細胞から有用な性質を持つ遺伝子を取り出し、それを植物などの細胞の遺伝子に組み込んで新しい性質を持たせた作物のことだ

除草剤や病害虫への耐性を持たせた大豆やとうもろこしなどが米モンサント社によって開発され、アメリカでは２０１４年の時点で大豆の94%、とうもろこしの93%がすでにＧＭ作物となっている。モンサント社は自社製の除草剤「ラウンドアップ」とＧＭ作物の種子をセットにして開発し販売している（ＧＭ作物の栽培が盛んな国としては、ほかにカナダ、ブラジル、アルゼンチン、中国がある）したがってアメリカから日本に輸入される大豆やとうもろこしのほとんどはＧＭ作物である可能性が高く、日本国民はＧＭ作物で作られた食品を意識せずにすでに食べている。ビール業界も２０１５年からＧＭ作物であるかどうか、とくに分別しない方針に切り替えた。

厚生労働省や内閣府の食品安全委員会は、これらの食品を人が食べても安全だと確認している。害虫がこうした作物を食べると、害虫の腸で毒素のペプチドが遊離するため虫は死ぬが、人など哺乳動物はペプチドと結合する特異な受容体を持たないため毒性は発揮できないとされている。

しかし安全性をめぐる論争は絶えない。日本の食料基地である北海道は、２００６年、全国に先駆けて遺伝子組み換え作物についての条例を制定し、栽培を実質的に禁止するとともに、試験栽培を知事の許可制とし、説明会の開催を義務づけている。新潟県にも同様の条例がある。

またＪＡ全農はアメリカ中西部で遺伝子を組み換えていないＮＯＮ－ＧＭとうもろこしを農家に栽培してもらい、これを日本に輸入している。

番外編〈道東・別海町ルポ〉
全国一の酪農の町
巨額国費で基盤整備

別海町は道東、北海道東部の東の端、根室海峡に面した広大で平たんな町。正式には野付《のつけ》郡別海町、読み方は「べっかい」と「べつかい」の2通りあるが、前者のほうが多いと私は思う（町名はアイヌ語「ベッカイエ＝折れ曲がった川」から）。

とにかく広い町で、東西61キロ、南北44キロ、１３２０平方キロという面積は、日本の都道府県で一番小さい香川県や下から2番目の大阪府に迫る。町村の面積としては、いずれも北海道の足寄町、遠軽町に次いで全国3位だが、足寄町や遠軽町が山が多いのに対して、こちらは一部の湿地を除けばほとんどが利用できる平地なので、実質的な利用面積は町として日本一である。また多くの市町村が平成の大合併で面積を増やしているが、別海町は１９２３年（大正12年）の別海村誕生から区域がほぼ変わらないのに、この大きさなのが特徴だ。

そして日本一の酪農の町である。町の人口1万６０００人に対して乳牛の数が11万頭、赤ちゃんを

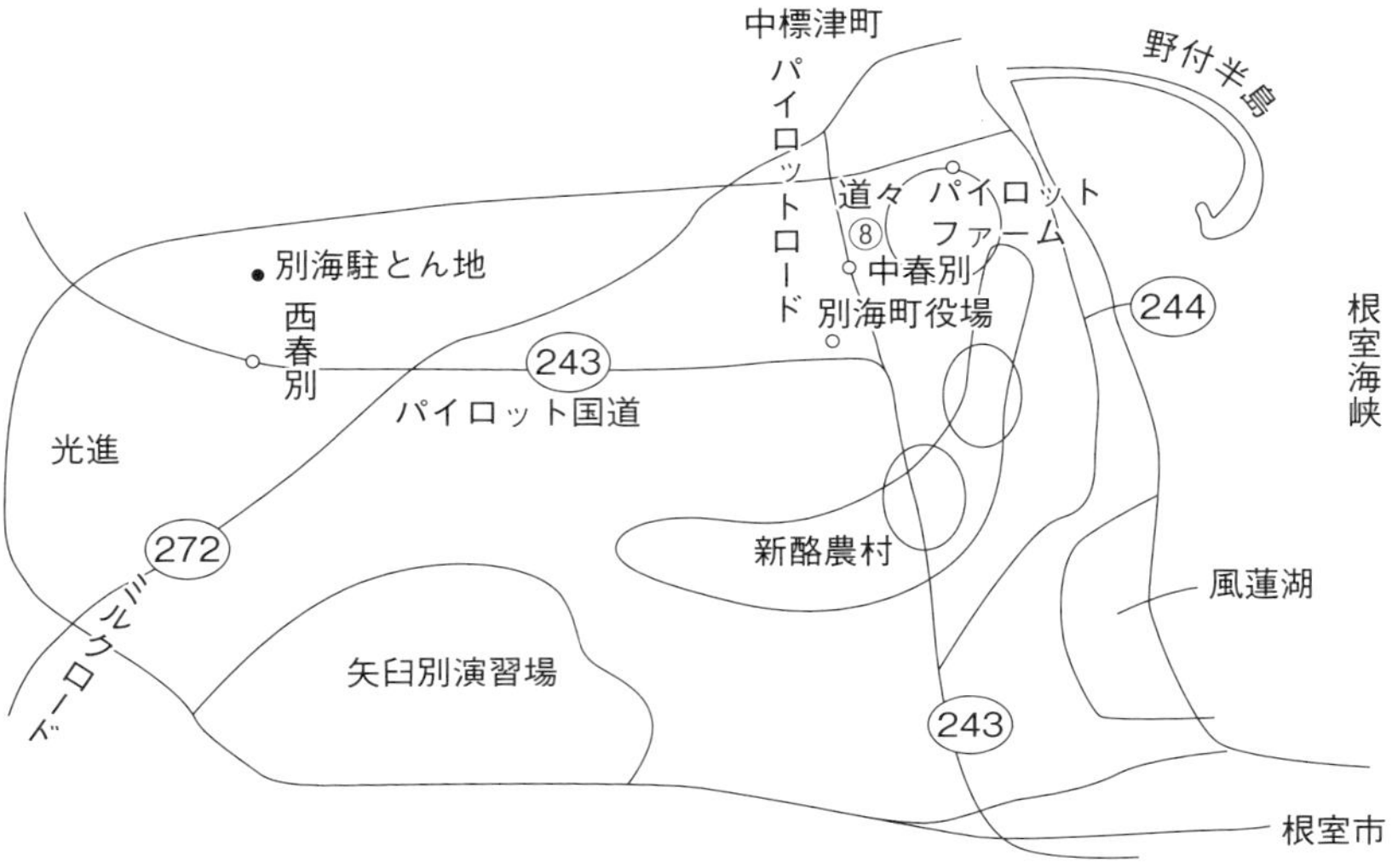

「別海町略図」

含めて一人あたり7頭を飼育していることになる。年間の牛乳生産量は45万トン、農業生産額４２６億円。

海もある。尾岱沼《おだいとう》のシマエビ漁、ナラワラ、トドワラの野付半島の観光も有名だ。

10月のある日、あらためて別海町を訪れた。あらためてというのは、私の住む所からそんなに遠くはないので何度も通ってはいる。でも取材のためではなかったので目が開いてなかった。またこの町は紹介したいことがいっぱいあるので、ルポルタージュという形式をとることにした。

国道２４３号線で西側の標茶町虹別から別海町に入った。この国道は別名パイロット国道と呼ばれる。昭和30年代、国による大規模酪農育成のパイロットファームづくりのころにその呼び方となった。この国道は、西から東へ町役場のある中心部の別海まで行って、そこを南に折れ根室に向かう。いわばこの町の背骨にあたるルートだ。

旅客機が飛ぶ飛行場もあった

別海町の標識を過ぎて間もなく、「ここまでくると別世界」という大きな看板が立っていた。やはり別世界なのだ。少し進むと「別海駐とん地は左折、矢臼別《やうすべつ》演習場は直進」の看板。この町は酪農の町であるとともに自衛隊の町でもある。

陸上自衛隊別海駐とん地はさほど大きくはないが、隣接する航空自衛隊の滑走路には以前、民間航空機が飛んでいた。話をさかのぼると戦争中、陸軍がこの付近に滑走路が5本もある計根別《けねべつ》飛行場を建設した。いまでも周辺に戦闘機を空襲から守る分厚いコンクリート製の「えん体壕」が少し残っている。アメリカ軍の空爆と戦後の爆破のあと残った滑走路1本が「西春別《にししゅんべつ》飛行場」として、札幌丘珠空港から女満別経由で民間機のＤＣ３型機が飛んでいた。しかし中標津空港が開港したことで閉鎖され、いまは航空自衛隊の非常用滑走路になった。近くには滑走路７００メートルの別海フライトパークもあって、ラジコン機を飛ばすメッカになっている。

もうひとつの矢臼別演習場は、国内最長の18キロ先まで砲弾を撃つことができる広大な演習場。日本各地の陸上自衛隊が交代で車を連ねて演習に来る。沖縄のアメリカ海兵隊も船で根室花咲港に砲を陸揚げしてここまでやって来る。大砲を撃つ音は遠くまで響くが、意外と近くの牛たちは慣れて平気だという。もちろん補償金は支払われている。

盛んだった殖民軌道

さて国道を進むと、「西春別駅前」の少しにぎやかな市街地だ。鉄道はないはずなのにこの地名。この先に西春別という別の集落があるので、それと区別していた名残り。市街地の中に入ると本当に駅があり、機関車や客車が並んでいたが、これは鉄道記念公園。標茶《しべちゃ》と根室標津《しべつ》の間を結んでいたJR標津線の西春別駅だ。JRが発足してわずか2年後の1989年4月30日に廃線になった。標津線は中標津から別海経由根室線（花咲線）厚床に至る別の線もあったが、同時に廃止された。

ちなみに別海町では国鉄線だけでなく、戦前は殖民軌道が盛んだった。殖民軌道は春の雪解けでぬかるむ道路を避けて細いレールの簡便な軌道を使い、牛乳や生活用品を台車に載せて自分の馬にひかせた軌道。開拓民は運行組合に使用料を払い使ったが、単線なので行き違いの際は荷の軽い方がレールを譲ったという。のちに簡易軌道と名前が変わったが、別海町内には数本の路線があった。旧標津線奥行臼駅の跡には駅舎とホームが残されている。

町内に大手乳業3社の工場

さて西春別地区には明治と森永乳業の牛乳工場がある。別海地区に雪印の工場があって、乳業大手

3社の工場が町内にそろっているが、いずれもバターやチーズ、脱脂粉乳を作っていて飲用の牛乳がない。牛乳の大生産地なのに牛乳が飲めないのはおかしいと、2001年、町と農協などが資金を出して、「べつかい乳業興社」を設立して別海地区に工場を建てた。この工場は、町の研修牧場からの生乳をもとに「べつかいの牛乳屋さん」という牛乳を製造しているほか、町民にチーズやバターなどの作り方指導をしている。

西春別を過ぎると、突然、近代的なインターチェンジに出会う。下に交差しているのは高速道路ではなく、釧路と中標津を結ぶ国道272号線、ミルクロードだ。そのわきに展望台がある。大草原展望台という名前だが、なぜか閉鎖されていた。

引き続き国道243号線を直進。「牛横断注意」の標識があちこちにある。まわりは広い牧草地。遠くに雑木林が見える。そこは小川が流れているようだ。こうした小川は西から東に向けて流れ、どこかで別の川と合流して最後は根室海峡に注ぐ。

別海町がある根釧台地では石ころが出ない。何万年も前、摩周岳が大噴火を起こして、その火山灰が東南の根釧台地に降り積もった。役場のある地区でボーリング調査をしたところ地下70メートルまで火山灰だったという。だから地面に石ころがない。

中西別で右折すると矢臼別演習場へ、「自衛隊歓迎」の看板が目立つ。また自衛隊の話になって恐縮だが、演習場がある地区は湿地と台地が織りなして農業がやりにくい場所。戦後開拓で開拓農家が入ったが、演習場の開設で農家は区域外に移転した。残った農家もあり、米軍の演習反対の人たちがここを拠点に砲弾の発射状況を監視している。演習場は本当に広大で、私も浜中町から北に進んで道がなくなり、引き返して別の道を行ったところ進入禁止の看板に出くわし、結局大きく迂回した経験がある。町内の人でも道に迷いそうになるという。

道路は浜中・厚岸方面への右折を通りすぎて中心部、別海の市街地に入った。やはり右折すると農村広場などがあって「べつかい乳業興社」の工場があった。大手乳業メーカーの工場と比べるとずいぶん小さい。

国道左側に別海町役場がそびえていた。堂々たる4階建て。前に「開基百年」の石碑、昭和53年10月、当時の堂垣内知事の筆だ。なぜ町長自身ではなく北海道知事に書いてもらったのだろう。町役場は道東では一番立派で市役所のような感じがする。財政規模は隣の根室市に匹敵する。町役場の職制も北海道の普通の町村役場では課長までしかいないのに、ここでは課長の上に部長がいる。

パイロットファーム

図書館などで調べた別海の歴史のあらましはこうだ。野付半島などの海岸部には、もちろん先人であるアイヌの人たちがいた。元禄年間には松前藩がすぐ目と鼻の先の国後島へ渡る船の渡し場を野付半島に設けていた。江戸末期には加賀からやってきた加賀家が野付半島で当時の海運業などをしていた。加賀家が残した文書１０００点を展示する「加賀家文書館《かがけもんじょかん》」が町の図書館の隣に設けられている。

明治に入って沿岸部の現在の本別海に魚の缶詰工場ができ、ここを拠点に次第に内陸部に入植したが、凶作に悩まされていた。１８８４年に最初の乳牛を飼い始めたという記録がある。この地では畑作は無理だという考えが支配的になり、戦前の１９３３年には酪農中心の開発計画が立てられていた。戦後の食糧難の緊急入植でも多くの人が入植したが、日照時間が短く海霧に覆われることが多い気候と、やせた土地で苦しい生活だった。

郷土資料館に行くと、当時の開拓農家の貧しい生活がわかる展示がある。でも私が一番驚いたのは、立ち上がったひぐまのはく製。３９０キロもある巨大なひぐまだ。それがまだ最近、２００８年10月に野付半島の尾岱沼で捕獲されたものだった。別海町では昔も今もひぐまが多い。

そんなとき政府は別海村を日本の酪農の先進地にしようと世界銀行の融資を受けて１９５６年（昭和31年）から中春別地区で「根釧パイロットファーム」の建設を始めた。１９６４年の終了までに３６１戸が入植し、１戸あたり牛10頭と牧草地15ヘクタールが与えられた。５年目から黒字になるとい

尾岱沼で捕獲されたひぐま

う説明だったが、ジャージー種の牛は乳量が少なくて経営は苦しく、そのうえ伝染病を海外から持ち込んだため牛は次々に死んでいった。56年、58年、59年と冷害。借金で農機具を買った農民は相次いで離農する。別海村の農家戸数は56年に2245戸だったが、58年からの2年間にこのうちの562戸が離農。残りの土地への入植は打ち切られ、すでに入植していた人にはさらに土地が与えられたが、この事業は失敗だった。

「パイロットファーム資料館」が、16年春、郷土資料館豊原分館の1室に設けられた。青野春樹さん（85）らが集めた資料が展示されている。

新酪農村の建設

1971年に町制が施行され、1973年から国による次の事業、「新酪農村」の建設が始まる。対象地区はパイロットファーム地区の南側、町中心部を東から南に囲む、広さ1万5000ヘクタールと規模は3倍になった。国は935億円を投入し10年間に220戸が入植した。与えられる牛はホルスタイン70頭、牧草地は50ヘクタールと格段に増えた。牧場の象徴、背の高い金属製サイロがあちこちにそびえ立った。借金もあったが、こんどは成功したといえる。町役場から15分ほど車で南に行った場所に「新酪農村展望台」が設けられた。

こうして別海町の集落は、戦前入植、戦後開拓、パイロットファーム、新酪農村という順序で形成されていった。農家は乳牛か肉牛かの飼育農家で、畑作はない。国はいまも別海町で、家畜排せつ物の有効利用と水質浄化型排水路の事業を進めている。国費の大規模投入による農業インフラ整備が、今日の別海町を築きあげたことは間違いない。

巨大農協誕生、別に2農協存在

道東あさひ農協を訪れた。2009年、町内の上春別、西春別、べつかい、隣の根室市の4農協が合併して誕生した巨大農協だ。日本で一番早く朝日が昇ることからこの名前となった。町役場と同じ市街地にある。2014年6月に完成したばかりの本所の建物は長さが80メートルもある近代的な2階建て。組合員は664人、生乳生産量年36万トン、JA単位では全国1位、北海道の1割を占める。2014年度の売り上げは404億円。

町内にはこのほかの農協もある。パイロットファームだった地域が中心の中春別農協（組合員182

道東あさひ農協

人）、そして隣の中標津町計根別《けねべつ》にある計根別農協に加入している農家が数十戸ある。

百年牧場

町内には入植してから100年以上になる牧場が5軒ある。その「百年牧場」のひとつ、清実《きよざね》牧場を訪ねた。町の中心部から沿岸部の本別海に向かう幹線道路、まわりは湿原だったと思われる牧草地、家はほとんどない。脇道を1・5キロ入った所にこの牧場はあった。清実喜昭（きよざね・よしあき）さんは72歳、先祖が明治13年ごろ石川県能登から入植して4代目、いまは引退して息子で5代目の一喜さん（38）が、フィリピン人研修生ら4人とともに350頭の牛を飼っている。牧草地が165ヘクタールもあるという。

初代は本別海で塩づくりをするとともに、イギリスから乳牛3頭を導入して酪農を始めた。缶詰工場のアメリカ人技師が牛乳を飲みたいというからだった。戦後になって一家は7キロ内陸部の現在地に移ったが、酪農だけでは生活できないので、農耕用の馬も飼育販売し、原野の木を切って炭焼きも

清実喜昭さん

した。しかし湿地帯で牧草もあまり育たない。幹線道路から清実牧場まで1・5キロの両側にあった5軒は次々と離農していった。昭和50年代になって国営の湿地改良事業が行われ、ようやく牧草がまともに育つようになった。

「百年牧場」のトロフィーを見せてもらった。「平成15年6月、別海農協」とあった。清実さんの牧場はすでに130年の歴史がある。応接間の棚には乳牛共進会でのトロフィーがびっしり並んでいた。

バイオガス発電

別海町には新しい取り組みが二つある。まず2015年7月に動き始めたばかりのバイオガスプラント、別海町バイオガス発電会社に行ってみた。町中心部から道道8号線、通称パイロットロードを少し北に進んで右折すると、巨大なタンクやピカピカのドイツ製発電機が並んでいた。

農家93戸から牛4500頭分に相当する家畜ふん尿を1日280トン（固形220トン、液状60トン）受け入れて発酵させ、発生したメタンガスを燃やして発電する。家畜ふん尿は1トン200円でこの会社が買い取る。あまりにも多く出るので農家がもてあましていたふん尿、これを持っていってくれるばかりかお金までもらえる。農家にとって、こんないい話はない。環境にもプラスだ。このふん尿に生ゴミを混ぜて発酵させる。発酵は密閉したタンクの中で行われるので、悪臭は発生しない。発生したメタンガスを燃やして発電をする。

三井造船が70％、町と2つの農協が30％を出資し、国の補助金を受けて建設した。主に中春別地区のふん尿を受け入れているだけだが、1800キロワットを発電して北海道電力に売っている。これで町内の44％の家庭の電気がまかなえる。また牧草地の肥料と、牛の敷きわらに使える敷料も再生している。

何よりも地球温暖化のもとになるメタンガスを放出させない。こうしたバイオガス発電の計画は各地にある。別海での成功をもとに、大規模飼育で過剰に排出される家畜のふん尿が資源として有効活用される日はすぐそこだ。

もう一つの取り組みは後で記そう。

農協通さず独自ルートで生乳出荷

めざましい発展の農協にも、ほころびが見られる。町内の4軒の農家、それも規模の大きな酪農家が生乳を農協ではなく群馬県の生乳卸業者に売り始めたのだ。リーダーの島崎美昭さん（62）を訪ねた。泉川地区光進《こうしん》は別海町の西の端、風連川など4つの川の源流部の平野だ。

搾乳牛を260頭かかえ年間2200トンの生乳を農協（ホクレン）を通じて出荷していたが、2015年3月末からこの全量の出荷先を群馬県伊勢崎市のアウトサイダー生乳仲介業者「MMJ」＝ミルクマーケット・ジャパンに切り替えた。

ホクレンよりも1キロあたり6円高く買ってくれる。これは7％の増収になり、年間にすると1500万円売り上げが増えた。農協は脱退したわけでなく籍はそのまま。燃料や資材などは従来どおり農協から購入している。また乳質改善指導費など4つの負担金を払うなど組合員としての

義務は果たし、自分の牧場の乳牛のデータもかくさず農協に提出しているという。

町内の大きな牧場3軒が島崎さんと行動をともにし、4軒で「ちえのわ事業協同組合」を組織。4つの牧場がMMJに出荷する生乳は年間1万2000トン。タンクローリーが毎日4軒を回って生乳を集め、苫小牧港から船で太平洋側や日本海側の港に運ぶ。MMJは12の乳業メーカーに生乳を卸している。本州の酪農家からはもっと高く買っているので、島崎さんらから多少高めに買っても引き合うのだという。その後、ホクレンへの出荷を止めてMMJに切り替える酪農家が隣の浜中町でも4戸出るなど拡大している。2016年4月の時点で道内14牧場になった。

島崎さんは語る。


農協を否定するわけではありません。これまでは農協に出荷するしか方法がなかったのですが、農家にとっては買い手が複数になったほうがいい。競争があるべきです。いまの農協は金融に力が入りすぎ、中間経費が増大して中央やホクレンなどに向きすぎています。離農する農家を守れない。すべては競争相手がいないからこうなったのです。

農協は60年間続いてきましたが、これからも従来と同じやり方で存続できるのでしょうか。国際情勢が変わってきているのだから農協も変わるべきだと思います。2016年の農協総会ではいろいろな議論が出ると思います。

島崎さんは自分の牛乳の行き先を確認したかった。そこでＭＭＪと交渉して山形県天童市の乳業会社で紙パック牛乳「北海道別海のおいしい牛乳」を作った。この牛乳を飲ませてもらったがコクがあって実にうまい。首都圏で販売されている。台湾へも輸出することになりそうだ。そうなれば毎日空輸するという。

島崎美昭さん

実は島崎さんは道東あさひ農協が誕生するまでは西春別農協の理事をしてきた。合併には反対しなかった。しかしその後、農協の路線に疑問を抱くようになった。パイロットファーム地区の中春別農協が道東あさひに加わらずに小さくても頑張っている気持ちがわかるそうだ。島崎さんたちの事業協組に加入する酪農家は次第に増えそうだ。

政府の規制改革会議は、２０１６年3月、生乳の出荷をホクレンなど全国10の指定生産者団体を通さないと補助金を出さない制度を廃止する提言をまとめた。これが実現すれば、ＭＭＪのような業者に出荷する農家も補助金をもらえる道が開ける。政府・自民党の農協ゆさぶり策のひとつだが、島崎さんらのような農家が求めている生乳出荷の自由化がいずれ実現する方向だ。

こうした情勢を受けてＭＭＪは、道東にバターなどの乳製品を作る工場を２０１８年秋にも開設する計画だ。これには本州の乳業メーカーも参加するという。ＭＭＪは酪農変革の台風の目といえる。

原生林を自力で切り開いた光進地区

帰り際に島崎さんたちが編集した地域の郷土史の本をいただいた。読んで驚いた。北海道各地では、多くの地区が開基１００年を超えて記念碑を建立しているが、ここ光進地区は１９９８年にようやく開基50年を迎えている。戦後開拓なのだ。

その郷土史をひもとく。戦後間もない昭和23年春、復員服姿の山形県からの５人の青年が最初に入植した。一部で軍馬の生産が行われていたものの一帯はうっそうとした原生林。道路も何もない国有林の伐採が始まった。満州・樺太などからの引揚者、兵隊帰りの人たちを中心に長野、新潟などから次々に入植者が入り、荒れ地を畑にしていった。いまのような重機がなかった時代、木の根を抜くのもすべて人と馬の力。食料は配給だった。濃霧、低温、野焼きで家まで焼く、せっかく実ったそばをリスの群れに食べられるなどの苦労を重ね、次第に開拓地の形ができていった。

３年後にまず開設されたのが小学校、しかし名前はまだない。初代ＰＴＡ会長だった島崎さんの祖父、井上保氏が詠んだ短歌「幾千箇　昼なお暗き密林を　開き行く手は光り進みて」から光進小学校と名付け、これが地区の名前にもなった。

昭和28年、ラジオの共同聴取ができるようになったが、全戸に電気がついたのは昭和39年だった。電話が44年、水道が45年に開通。つまり、それまでは電気もなく井戸水に頼る生活だった。しかし地区の人たちは力を合わせて、神社、老人ホーム、墓地、牛乳の集荷所などを作っていった。

別海町では、パイロットファーム、新酪農村と、ばく大な国費が投入され、税金でいまの町の姿が作られた印象があるが、光進地区のようにほとんど住民たちの独立独歩で築き上げた地区もあるのだ。

「テレワーク」の指定受ける

光進小中学校の校舎は平成8年、1996年に近代的な鉄筋2階建てに改築される。2年後の98年9月15日、講堂で開基50周年記念式典が盛大に行われた。ところがわずか10年後の2008年3月、光進小中学校は児童生徒数の減少で閉校となってしまった。

この立派な校舎が別海町が推進している、もうひとつの新しい事業の舞台だ。それは総務省が推進している「テレワーク」。都市部の企業が地方に社員を派遣したり移住させたりして通信回線を使って地方で仕事をするもの。別海町も指定された。2015年夏、廃校になった光進小中学校の校舎に東京から日本マイクロソフト社の社員たちがやってきてパソコンで仕事をする実験が行われた。その間、一緒に来た家族は観光という遊び気分のものだったが、これが今後どうなるか注目される。

旧光進小中学校

出生率が高い別海町

2016年春に病気で任期半ばで亡くなった、別海町の当時の水沼猛町長は私のルポに対して次のような談話を寄せてくれた。

「TPPによって重要な変革期を迎えることが予想されるが、現在進行中の第6次総合計画との整合性をはかりながら対策をたてていく。人が輝く・まちが輝く・自然が輝く、魅力ある町を次の世代に引き継いでいきたい」

別海町に魅かれて都会から酪農家になりたいと来る人たちがいる。町はこうした人たちを別海町酪農研修牧場で受け入れ、3年間研修して就農させている。研修中は生活費が支給される。これまでに68組135人が卒業し、主に離農する農家を継いでいる。

実は別海町は子どもが多く生まれる町だ。合計特殊出生率が1・86で、えりも町の1・90に次いで

全国に先駆けて朝日が昇る別海町には大きな地平線もある。

北海道第2位。この背景には、農業漁業など1次産業が盛んで生活が豊か、家族を増やしたい、結婚している若い人が多い、家が3世代同居で生まれた子どもを老夫婦が面倒みることが多い、という恵まれた事情があるようだ。理想的な社会構造と言える。

いろいろな課題をかかえる別海町、しかし取り立てて話題もない町とは違う。活気と希望にあふれているから話題や問題点も出てくる。

帰途の国道２４３号線はまぶしかった。山がないので夕日は地平線に沈んでいく。太陽が真正面に輝いて、まぶしい。

クラーク博士のつぶやき

東京で買える北海道の食品

北海道の農産物・水産物はどこに行っても抜群の人気。そこで北海道（道庁）などは、東京などにアンテナショップを開いている。

道庁が音頭をとって開設しているのが「北海道どさんこプラザ」。「東京で北海道の味を！」をうたい文句に季節に合った催しをしている。

たとえば２０１５年11月20日の時点での催しは、有楽町店が函館の有名カレー店、五島軒の「あいがけカレー」、明治時代やイギリス風のカレーを家庭に持ち帰って食べられる。

また池袋店は松前町の「ほっけのすり身」。さいたま新都心店は羅臼漁協の羅臼だし昆布」。相模原店は中札内村農協の「えだ豆カレー」。名古屋店は浜中町のチーズ工房の「とまとマルゲリータ」。仙台店は当麻町の「吟醸甘酒」。

札幌駅にも札幌店がある。そして２０１５年11月にはシンガポール店もオープンした。さらに楽天と提携したショッピングサイトもある。

また函館市もローソン京橋駅前店の中に「函館もってきました」を開設している。さらに民間企業の「北海道フーディスト」も、八重洲口のダイヤ八重洲ビル1階をはじめ首都圏各地に「北海道うまいもの館」を開いて活発に販売活動をしている。

ＴＰＰとは

ＴＰＰ＝環太平洋経済連携協定が大筋合意され調印された。２０１５年10月5日、アメリカ・アトランタで加盟12か国により大筋合意され、翌16年2月4日、ニュージーランドのオークランドで署名調印された。９０１８品目を対象とし、2年以内に各国の批准、とりわけ日本とアメリカでの批准をへて発効となる。2年を超えた場合、日米を含む6か国以上の批准手続きが完了すれば発効する。発効すれば、日本の工業製品の輸出がしやすくなるが、同時に加盟国からの農産物の輸入が増えることは避けられない。

日本政府は16年の通常国会に批准案と対策案を提出したが、甘利明担当大臣自身の問題もあって、審議が先送りされた。

またアメリカ大統領選挙では、民主・共和両党の候補がＴＰＰ反対を唱えたため、このままで批准されるかどうか先行き不透明になった。

ＴＰＰ＝環太平洋経済連携協定とは、太平洋を取り囲む12か国が原則的に関税を取り払って輸出入

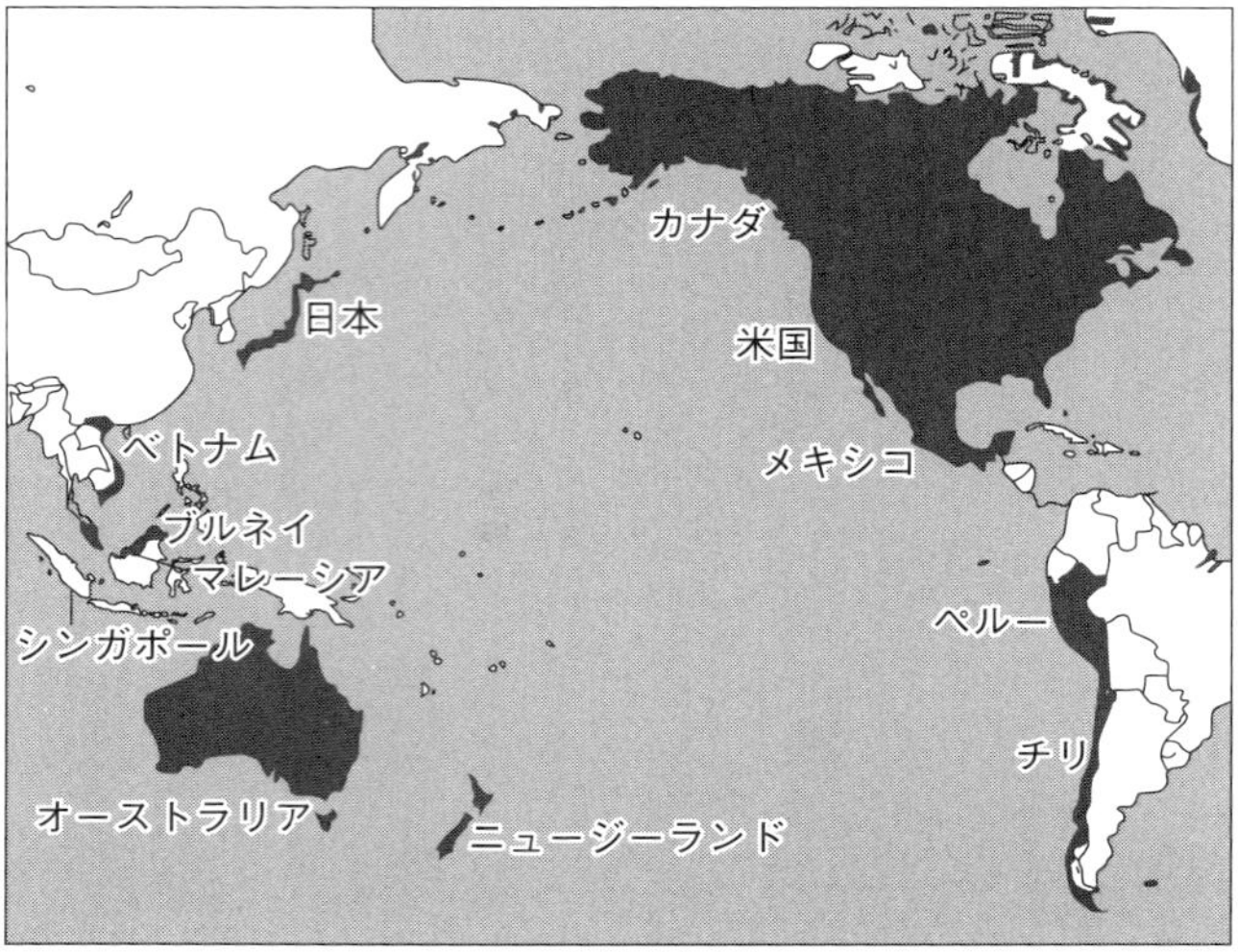

TPP交渉参加国

を活発にさせ経済を発展させようというもの。

英語名は Trans-Pacific Strategic Economic Partnership Agreement または単に Trans-Pacific Partnership、環太平洋パートナーシップ協定、環太平洋経済協定などの表現もある。

最初はシンガポール、ブルネイ、チリ、ニュージーランドの4か国による経済連携協定で２００６年5月に発効した。その後、２００８年のリーマンショック後にアメリカが交渉に加わり、日本も２０１３年７月から参加した。アメリカと日本という経済大国が加わったことで、事実上、両国が交渉のリーダーシップを握った。実質的には日米のＦＴＡ＝自由貿易協定だとする見方もある。

地図を見ていただきたい。中国、韓国、台湾を除く太平洋を取り巻く12か国が一つの市場となる。この意味は大きい。

交渉にあたって日本政府は農産物重要5項目を聖域だとして一歩も譲らないと国内には表明。だがフタを開けてみると、かなりの譲歩をしていた。重要5項目594品目のうち29％で関税を撤廃。残る424品目もまったく「無傷」だったのは155品目だけだった。

政府はＴＰＰにともなって実質国内総生産（ＧＤＰ）が、2・59％、13兆6000億円押し上げられる。一方、農林水産業の損失は1300億円から2100億円程度にとどまるとしている。この影響数字は2013年3月の試算の3兆円より大幅に少なく選挙対策と考えられている。

ＴＰＰ大筋合意の内容

▲**コメ**……現行の国家貿易制度を維持し、従来の高い関税制度（キロ341円）を維持するが、米豪から発効13年目に関税なしで最大7万8400トンを輸入。これまでも年77万トン輸入していたが、この分が追加される。

▲**小麦・大麦**……事実上の関税（キロ55円）を9年目までに45％削減

▲**牛肉・豚肉**……牛肉はいまの関税38・5％を段階的に下げ16年目に9％に。豚肉は低価格帯への関税キロ482円を段階的に10年目に関税50円に。

高価格帯の部位の関税4・3％も段階的に下げて10年目に撤廃。

▲**乳製品**……現行の国家貿易制度を維持し、バターは現在の29・8％＋985円を、6年目にニュージーランドとオーストラリアに対して低関税輸入枠（バターと脱脂粉乳を3719トンずつ＝生乳換算で7

万トン）を設定。

▲**砂糖**……キロ103・1円の関税の一部を削減。

ＴＰＰにはＩＳＤＳ条項と呼ばれる条項があり、環境保護、食品衛生、薬価上限、知的財産、公益事業などによって、外国企業が損害をこうむると判断した場合は、その外国企業がその国家に損害賠償を求めて特別法廷に訴えることができる。これが深刻な問題点だとされている。特別法廷というのは、ワシントンの世界銀行の投資紛争解決国際センター、３人の仲裁人が決める。この決定はその国の最高裁の判断により優先される。

また各国は発効後４年間の守秘義務があり、仮にＴＰＰが発効しない場合でも交渉の最後の会合から４年間は秘密を保つことになっている。

アメリカでは１９９４年に発効したＮＡＦＴＡ＝北米自由貿易協定によって、国内の自動車工場が賃金の安いメキシコに移転し労働者の雇用が失われた。ＴＰＰも大企業にとっては利益になるが、労働者を保護することにはならないとして、反対の世論が出ている。

おわりに

ＴＰＰ体制になったら北海道の農業はどうなるのか、大きな打撃を受けるのではないだろうか、そう考えて、この本を企画し取材を始めた。ところが、その後、ＴＰＰそのものの先行きが怪しくなった。また、取材の結果、これまで農政の変換で苦汁をなめてきた農業者たちは、ＴＰＰを予想して、すでにそれなりの対策を講じてきていた。政府が針路を誤らなければ、北海道農業が進む航路の前途・未来は明るいはずだ。それが取材で感じた結論だった。

しかしＴＰＰ協定自体は大変危険な本質を抱えていることが明らかになった。すなわち事実上、アメリカの基準がすべてに適応されるため、人体への影響が心配される牛への成長ホルモンの投与、放射線投射の穀物などが日本に堂々と入ってくるのではないか。さらには自由な貿易のじゃまになるとして産地や成分の表示ができなくなる恐れがある。国連人権理事会の「独立専門家」が「国家が不当な企業活動を規制できなくなる」として、批准しないよう各国に書簡を送ったことがうなずける。

さて、農家は従来の経験頼みから科学的な農業へ変化しつつある。技術指導を受け入れ、バイオテクノロジーが生み出した、病気に強い種子や苗の導入、有機農法への傾斜、全部を自分でやらずに分業を受け入れ、ゆとりを生み出す方向も見受けられた。

各農協は自分たちの農産物のブランド化を競っている。「地域団体商標」を認めてもらおうと懸命だ。ブランドとしての評価が定着すれば、安定した生産、収入が得られる。ブランドが確立されると、それにあやかろうと周辺の農協はこれにまとまって加盟する傾向になっている。

帯広かわにし農協が作り上げたブランド、「川西長いも」には、周辺の7農協が長いもを供給している。逆にかわにし農協は川西産のじゃがいも、メークインの全量2000トンを、隣のめむろ農協に送り込み、芽室町の地域ブランド「めむろメークイン」として出荷することになった。ブランド化は品質を向上させるうえでよいことだが、たとえブランドにならなくても高い品質維持を目指せば市場はそれを評価してくれるはずだ。

意外だったのが、牧草地をおざなりにしてきた酪農家が多いことだった、一見すると青々とした牧草地だが、中身は雑草が多く牛が食べたがらない。輸入穀物飼料に頼りすぎていた証しだ。しかし、これも急速に改善されようとしている。

道内各地の事例を取り上げたが、カバーできなかった地方もある。道南や後志、道北、日高などだ。また羊、大規模養豚、養鶏、競走馬と食用馬、作物でも特産のアスパラガス、ブロッコリーなどは取材しなかった。この場を借りてお詫びしたい。

取材で印象に残ったのは、畑や敷地内への「立ち入り禁止」の看板が増えたことだった。以前は見られなかったことだが、有害な菌やウイルスの外部からの持ち込みに農家が神経を使っているのが痛いほどわかった。農協単位で行っているようだった。このため取材に困難が生じることもあった。十勝の畑を訪れたとき、「網走の土を踏んで来なかったか。網走ではじゃがいもの病気が発生したと聞いている」と言われた。網走では２０１５年、ジャガイモシロシストセンチュウが発生したが、その後、広がりは見せていない。そう言えば、収穫中の玉ねぎ畑でも靴にカバーをかぶせて歩いたこともあった。

農協も変わり始めた。農協は、外部・内部からの批判、安倍政権からの強い風を受けている。郊外の園芸資材店に比べても高いという組合員からの不満を受けて農薬や資材の手数料を引き下げるなどを始めた。農水省の農業政策も、自民党農水族、農協、消費者、外圧の間で微妙に揺れている。

ところで、２０１6年2月、フランスで「食料廃棄禁止法」が成立した。従来から問題視されてきた食料の廃棄問題にフランスが率先して模範を示した形だ。この法律は４００平方メートル以上の店＝スーパーは、賞味期限または賞味期限が近づいている食品を廃棄することが禁じられ、生活困窮者などに配布するボランティアやチャリティーの団体と契約を結んで、そうした食品を寄付しなければならない。違反すると最大で日本円に換算して９７０万円の罰金または禁錮2年の刑を科す。また人の食用に適さなくなった食品は家畜の餌や堆肥にしなければならない。

国連食糧農業機関（ＦＡＯ）によると、世界の食料生産量の３分の１にあたる年13億トンもが、消費者の口に入るまでの間に捨てられているという。

日本でも愛知県で廃棄したはずの冷凍ビーフカツが売られていたことがあった。このケースは異物が混入した疑いがあるとして廃棄されたものだったが、それで浮かび上がったのが日本の食品流通の悪しき慣習、「３分の１ルール」だった。

長持ちする缶詰を除いて、食料品製造日から賞味期限までの期間を３等分し、３分の１にあたる日までが小売り店への納品期限、３分の２にあたる日までが店頭販売期限、この前に割引セールが行われ３分の２を過ぎた食料品は店頭から撤去される。これらの食料品は賞味期限までまだ３分の１残っているのに廃棄される。一部は横流しされ安売りスーパーなどで販売されるが、かなりの量が廃棄される。十分に食べられるのにもったいないことだ。

また食堂やレストラン、家庭で捨てられる食品も多い。流通段階での廃棄と合わせて、日本の食品廃棄は年１７００万トンと推定され、アメリカ、フランスに次いで多いとされる。コメの生産量が年８５０万トンだから、その無駄の大きさにあらためて驚く。

食品流通業界は３分の１ルールを見直す方向にあるようだが、日本でもフランスのような法律を制定すべきだろう。「もったいない」という道徳的な感覚だけでなく、食料生産のためには、膨大なエネルギーを使い、同時に環境へ負荷を与えている。これが無駄にされている側面を直視すべきだ。農業生産も循環型社会の中で行われなければならない。

さて農産物は、農業者の立場からは高く売れたほうがいいに決まっている。しかし消費者は同じ品質であれば安い農産物を求めるのが自然であり、国内の農産物は今後、海外からの輸入品と競争することになるのは避けられない。つまりは安全で新鮮で品質がよく、しかも安いほうがいい。しかし安すぎて農業者が食べていけず後継者が跡を継ぎたがらないようではいけない。このため価格保障、戸別補償の充実が今後の政策として求められる。これは欧米でも広く行われているものだ。

日本の食料基地、北海道農業が伸び伸びと発展していくことは、21世紀日本の基盤である。

終わりにあたって、忙しいなか私の取材に応じてくださった方々に心からの感謝と敬意を表します。また数々の的確な助言をいただいた国書刊行会の佐藤今朝夫社長、編集の田中聡一郎さんにも感謝の意を表します。

２０１６年８月、台風が滅多に来ない北海道に３つの台風が上陸、１つがかすめた。長雨や冠水で玉ねぎやじゃがいもなど多くの農作物に大きな被害が出た。農家の落胆はいかばかりか。まだ自然には勝てない。

二日市　壮

２０１６年９月

北海道を中心とした農業関連年表（第２次大戦後）

１９４５年（昭和20）　戦後緊急開拓が始まる
１９４８年（昭和23）　農業協同組合法にもとづく農協が発足
１９５０年（昭和25）　北海道開発法施行、北海道開発庁が総理府外局として発足
１９５１年（昭和26）　北海道開発庁の現地組織、北海道開発局が発足
１９５４年（昭和29）　洞爺丸台風で青函連絡船５隻が沈没、死者不明１４３０人
１９５５年（昭和30）　森永ヒ素ミルク中毒事件（徳島工場）、日本がガットに加盟
１９５６年（昭和31）　別海村で国がパイロットファームの建設始める
１９６１年（昭和36）　農業基本法施行
１９６４年（昭和39）　東京オリンピック
１９６９年（昭和44）　自主流通米制度始まる、よつ葉乳業の前身の北海道協同乳業が十勝で操業開始
１９７０年（昭和45）　コメの減反始まる
１９７２年（昭和47）　札幌冬季五輪
１９７３年（昭和48）　別海町で国が新酪農村の建設開始
１９８１年（昭和56）　日高山脈貫く国鉄石勝線開通
１９８２年（昭和57）　札幌で北海道博覧会、入場者２６８万人
１９８５年（昭和60）　牛乳生産量が道内で8万トン過剰に
１９８８年（昭和63）　青函トンネル開通、北海道農産物の鉄道貨物輸送が増加、新千歳空港開港
〃　北海道米の新品種「きらら３９７」を開発、札幌で「世界・食の祭典」、88億円の赤字
１９９１年（平成３）　牛肉の輸入数量制限やめ関税化、関税70％→38・５％に
１９９３年（平成５）　ウルグアイラウンド農業合意、農産物原則関税化
１９９３年～94年（平成５～６）　大凶作でコメ不足、国産米暴騰、外国産米を輸入、減反を一時中止

1995年（平成7）食糧管理法廃止し食糧法施行、コメ輸入関税化
1997年（平成9）北海道拓殖銀行が破たん
1999年（平成11）食料・農業・農村基本法が施行（農業基本法廃止）
〃　家畜ふん尿処理適切化法施行
2000年（平成12）雪印集団食中毒事件（大樹工場、大阪工場）
〃　宮崎で牛の口蹄疫発生、北海道でも1戸に発生、中山間地域直接支払い制度がスタート
2001年（平成13）北海道開発庁が国土交通省に統合され北海道局となる、千葉でBSE感染牛を確認、牛の全頭検査開始
〃　北海道米の新品種「ななつぼし」を開発
2002年（平成14）雪印食品の牛肉偽装が発覚、会社は解散、日本ハムでも発覚
2003年（平成15）アメリカでもBSE発生、日本への牛肉輸入禁止、食品安全基本法を判定
2004年（平成16）食糧法を大幅改正、減反を緩和
2007年（平成19）日本の食料自給率39％に低下と政府発表、参院選で農家戸別所得補償制度を掲げた民主党勝利
2008年（平成20）北海道米の新品種「ゆめぴりか」を開発、中国製冷凍餃子による食中毒
2009年（平成21）北海道に適した小麦新品種「ゆめちから」開発、雪印メグミルクが発足（事業会社として）
〃　農地法を改正、農地利用を原則自由化、企業の参入に道開く
2010年（平成22）宮崎で口蹄疫が再び発生、牛と豚29万頭処分
2011年（平成23）東日本大震災、6次産業化法施行
2014年（平成26）国家戦略特区の農業特区に新潟市と兵庫県養父市が指定される
〃　中国汚染鶏肉の発覚で日本マクドナルド窮地に、米価2割下落
2015年（平成27）農協法を改正、全中の権限縮小、地域農協へ公認会計士による監査義務付け
〃　TPP大筋合意
2016年（平成28）北海道新幹線函館まで開通　台風10号で北海道農産物に被害

参考文献

農文協ブックレット「ＴＰＰ反対の大義」農文協、２０１０年
鈴木宣弘・木下順子「ここが間違っている日本の農業問題」家の光協会、２０１３年
生源寺真一「新版・よくわかる食と農のはなし」家の光協会、２００９年
井上ひさし著・山下惣一編「井上ひさしと考える日本の農業」家の光協会、２０１３年
食糧の生産と消費を結ぶ研究会編「食料危機とアメリカ農業の選択」家の光協会、２００９年
岡本正弘監修・後藤一寿・坂井真「新品種で拓く地域農業の未来」農林統計出版、２０１４年
山下一仁「日本農業は世界に勝てる」日本経済新聞出版社、２０１５年
浅川芳裕「日本は世界5位の農業大国」講談社、２０１０年
浅川芳裕「ＴＰＰで日本は世界一の農業大国になる」ＫＫベストセラーズ、２０１２年
川島博之「作りすぎが日本の農業をダメにする」日本経済新聞出版社、２０１１年
三橋貴明「亡国の農協改革」飛鳥新社、２０１５年
北海道新聞北見報道部編・刊「タマネギ百話」、２０１２年
関満博・松永桂子「農産物直売所」新評論、２０１０年
三友盛行「マイペース酪農」農文協、２０００年
原茂ほか「乳牛の生理と飼養」農山漁村文化協会、１９７７年
梶浦福督編「脱農協」ダイヤモンド社、１９９５年
青沼陽一郎「食料植民地ニッポン」小学館、２０１４年
コープさっぽろ「Cho-co-tto」２０１5年6月号
日本農業気象学会北海道支部編著　北海道の気象と農業　北海道新聞社、２０１２年
伴野昭人「北海道開発局とは何か」寿郎社、２００３年
川口由一「自然農への道」創森社、２００5年
日本有機農業研究会編「有機農業ハンドブック」農村漁村文化協会、１９９９年
北海道アズキ物語出版委「北海道アズキ物語」２００5年
別海町光進開基50年記念実行委「開拓の輝跡」２０００年
山田正彦「アメリカも批准できないＴＴＰ協定の内容はこうだった」株式会社サイゾー２０１６年

著者紹介

二日市　壮（ふつかいち　そう）

1936年西宮市生まれ、法政大学社会学部卒。ＮＨＫ記者となり、公害などを取材。定年後、名古屋大、中京大講師を経て韓国へ。ＫＢＳ日本語放送中心に滞在12年。仁川大、韓国外大院などで日本語を教える。

著書「韓国擁護論」（国書刊行会）。「京浜工業地帯」（共著、泰流社）。ビデオ「東海レールウォチング」（ＮＨＫサービスセンター）。

明日《あす》を探《さぐ》る北海道農業《ほっかいどうのうぎょう》

2016年10月25日　初版第１刷発行

著　者　二日市壮

発行者　佐藤今朝夫

発行所　株式会社 国書刊行会

〒174-0056 東京都板橋区志村１-13-15

TEL 03（5970）7421　FAX 03（5970）7427

http://www.kokusho.co.jp

印刷・製本　三松堂株式会社

装丁　西田久美〈Katzen House〉

定価はカバーに表示されています。落丁本・乱丁本はお取り替えいたします。

ISBN 978-4-336-06068-6